当代国外著名建筑师作品精选

亨利·奇里亚尼

CONTEMPORARY
WORLD
ARCHITECTS

当代国外著名建筑师作品精选

亨利·奇里亚尼

Foreword by
Richard Meier

Introduction by
François Chaslin

Concept and Design by
Lucas H. Guerra
Oscar Riera Ojeda

[美]奥斯卡·R·奥赫达 编
戴 静 译
刘念雄 校

中国建筑工业出版社

版权登记号：01-2000-2370

图书在版编目（CIP）数据

当代国外著名建筑师作品精选. 亨利·奇里亚尼/(美)奥斯卡·R·奥赫达编；戴静译. —北京：
中国建筑工业出版社，2000. 10
ISBN 7-112-04369-7

I. 当… II. ①奥… ②代… III. 建筑设计－作品集－美国 IV. TU206

中国版本图书馆 CIP 数据核字（2000）第 52282 号

责任编辑：张惠珍　黄居正
版式设计：黄居正　姜敬丽　伊诺丽杰设计室

当代国外著名建筑师作品精选
亨利·奇里亚尼
[美]奥斯卡·R·奥赫达　编
戴　静　译
刘念雄　校

中国建筑工业出版社 出版、发行（北京西郊百万庄）
新 华 书 店 经 销
利丰雅高印刷（深圳）有限公司印刷
开本：223mm × 222mm
2000 年 10 月第一版　2000 年 10 月第一次印刷
定价：**68.00** 元
ISBN 7-112-04369-7
TU · 3783 (9831)

目 录

前　言
Foreword

理查德·迈耶
BY RICHARD MEIER

1978年，我应雷诺公司(Renault)总裁贝尔纳·阿农先生之邀，前往巴黎，开始着手他们公司总部的设计工作。该选址在已建好的布洛尼－比浪谷大厦（Boulogne-Billancourt）附近。正是这期间，弗朗科斯·巴雷（当时为雷诺公司文化交流部门的主管）引见我结识了巴黎的建筑师，他们的作品极富挑战性。与巴雷及巴黎一群建筑师一起，我参观了大量新落成的建筑。那时，建筑师们丰富的创造力、对细部的关注，以及在方方面面表现出来的严谨作风深深地打动了我。这是建筑界具有纪念意义的一刻：它是法国一个时代的开始——允许建筑师及建筑作品直言不讳地表达；同时它还是这样一个时期——在法国即便是很年轻的建筑师也有机会在一定规模范围内进行创造性研究，甚至可以对已成条文的规范持保留态度。

在这些“年轻”的建筑师中，我很荣幸结识了亨利·奇里亚尼。他曾经是年轻的，现在仍旧年轻，他的作品同样也永葆青春。最初，奇里亚尼的作品多涉足公共建筑，现在他也是公共寓所和私宅方面的设计专家了。

作为目前法国建筑界最富影响力的人物之一，最近，亨利·奇里亚尼已将自己的设计领域扩展到博物馆方面了。

在所有亨利·奇里亚尼的建筑中，都体现了他是一位严谨的人，并且他的创作实践涉及到了许多的层面。亨利·奇里亚尼关注形式、几何形体与功能组织之间的关系，而且他对建筑中流线的表现也遵循了现代主义的理念，即推崇空间的可达性与流畅性。亨利·奇里亚尼绝大多数的作品具有中心性。建筑活动的中心区域通过体量来表达，并运用光线来赋予感情色彩。当然，在他的建筑里，光是灵魂，同其他的表达方式相比，奇异的色彩赋予建筑空间更深层次的个性特征。奇里亚尼的色彩搭配是从天空和大地中汲取灵感，在某种意义上，也源于他对空间图解式的理解。该书收录的作品表达了亨利·奇里亚尼一贯的设计思想与设计理念。让我们期待他在未来的建筑生涯中不懈探索。

北立面为白色混凝土墙面，强调一战纪念馆的整体性与尺度感。设置几个光井满足辅助房间（服务用房和寓所）的功能需求，而无需在室内采用超尺度的细部处理。

导　言
Introduction

弗朗科斯·沙兰
BY FRANÇOIS CHASLIN

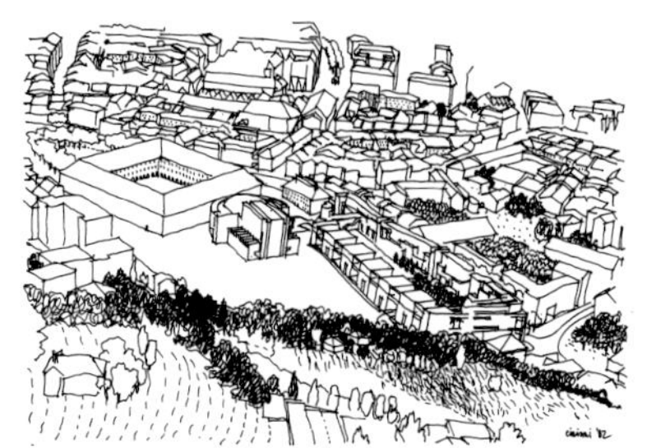

随着1992年佩罗讷城（索姆省）一战纪念馆的开放以及1995年春季阿尔勒城（普罗旺斯地区）考古博物馆的落成，亨利·奇里亚尼终于摆脱了在法国长期局限于住宅和公共基础建筑设计的苦恼。这两个建筑充分展示了亨利·奇里亚尼在组织空间、形式以及运用光线方面的卓越才能。

奇里亚尼生于1936年，是一位秘鲁空军将领的儿子。在年少的时候，甚至在1960年获得建筑设计学位之前，他已经设计建造了许多私人宅邸；同时作为他们国家公共建设部的一个工作室的成员，他还参与了大规模的城市设计。毕业之后，奇里亚尼主持了大量的住宅设计（其中5000个单元位于万塔尼拉，这是利马的卫星城，其他几百个单元分别位于马图特山、米洪、里马克以及圣费利佩等地），一直持续到1964年他离开秘鲁前往法国，从此定居法国并成为法国公民。在秘鲁的早期实践，形成了奇里亚尼对职业的坚定意念和革新进取的精神，他强调建筑对政治和社会的影响，并力图通过相应的建筑设计来实现。

在巴黎，奇里亚尼在安德烈·戈米建筑师事务所工作，同时，他还一直参加国际竞赛来拓展自己的设计领域（其中最引人注目的是卢森堡机场和阿姆斯特丹市政厅设计），早在1957年，亨利·奇里亚尼强烈的构图风格就引起了人们的注意。在他年轻的时候，奇里亚尼就因其极富特色并且行之有效的表现手法而两次荣登《今日建筑》（“L'Architecture d'Aujoud'hui”）杂志的封面。在整个职业生涯中，亨利·奇里亚尼一直是一位热情创作的艺术家，他常常花许多时间勾勒细部丰富的透视草图，尤其注重空间的品质和构成，甚至在参赛作品落选数年后还对其重新修改（例如1983年的巴士底歌剧院，1989年的法国国家图书馆）。

1968年，奇里亚尼加入了位于巴尼奥莱的“城市规划与建筑工作室”（Atelier d'Urbanisme et d'Architecture，简称Aua）。在60年代，这是一个容纳多元性和进行社会性建筑实践的温床。亨利·奇里亚尼和景观建筑师米歇尔·科拉茹一起，成为Aua的核心人物（博尔哈·维多夫罗于1978年入盟）。他们组成的小组一直持续到1975年，在那一年，奇里亚尼成立了自己的工作室。六年后，他离开了Aua。

奇里亚尼首次介入Aua是作为一本小册子的插图画家，这本刊物专为格勒诺布尔－埃奇罗尔新城所办，其插图设计成为一种标志。随后，奇里亚尼同科拉茹一起（此人自称为“城市景观设计师”），他们设计了拉尔勒甘的公共空间——格勒诺布尔－埃奇罗尔新城的第一个邻里空间。这是一个6m高，1500m长的一层长廊，公共设施将移建其中。受到同时代广告画的影响，这个城市构筑物因其大尺度的形式和强烈的色彩对比而具有鲜明的特征，当然也引人瞩目。

在1971年和1972年两年中，Aua的建筑师（连同称作“一股新鲜空气”的迦泰兰年轻建筑师里卡多·波菲尔领导的“Taller”小组一起）参加了重要的埃夫里1的设计竞赛，在这个竞赛中，他们输给了安德罗－帕拉的金字塔形设计方案。埃夫里1的竞赛项目巩固了奇里亚尼的领导地位，但同时也导致了组织核心内部的紧张（主要是与保罗·彻米托夫的竞争），而这使工作室陷入了无可逆转的衰退。在奇里亚尼的方案中，新城中7000单元的住宅提案是一座无与伦比的纪念碑：一个直线形的巨型建筑，有500m长，20多层高。节节相连的塔楼、桥式连廊以及伴随着台阶状走廊的大斜线立面……这个埃夫里1的设计方案与同时代意大利地区的作品十分神似（例如维托里奥·格雷戈蒂或马里奥·菲奥伦蒂诺设计的罗马近郊1000m长的公寓综合楼）。

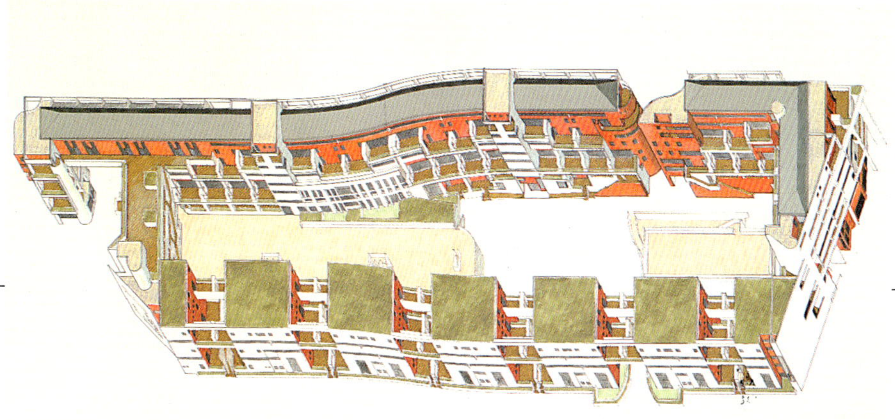

奇里亚尼一直保持着理性的状态，努力寻求一种重新构筑城市的框架，最终，在参与位于敦刻尔克的七星（Sept-plemites）的7000住宅单元（1973年～1975年）和里斯尔－达布（L'lsle-Abeau）新城的圣－博耐－勒－拉克（Saint-bonnet-le-lac）的3500住宅单元竞赛（1975年）的工作时，奇里亚尼将他的发现以“Fil conducteur”即“控制线”的概念理论化。在这些设计中，他提出了城市环境的主要结构因素的逆转。“那些由建筑所分离出的空间（街道）在这里成为实体。”

奇里亚尼逐渐将这一原则发展为明确的“城市片段”理论。“城市片段”成为城市的“控制”空间，这是基于他在法国的第一个重要工程的实践：位于马恩拉瓦莱的努瓦西 Ⅱ (Noisy Ⅱ)的300个住宅单元设计(1975年～1980年)。努瓦西 Ⅱ 被视为新城的建筑宣言，它试图以传统模式更新城市(正如当今的许多设计一样)，以特定的开敞空间代替街道，并且仍然与现代主义运动保持连贯性。

在一个被城市膨胀和社会动荡（一个由社会学家恩里·勒菲弗提出的命题）所困扰的时代里，凭借在社会规划中获取的经验和教训，奇里亚尼深刻地洞察到应从根本上提高集合住宅的重要性。他力图证明他的“城市片段”有助于在新的邻里环境中形成稳定的秩序和生活的活力。奇里亚尼发展了层次丰富的建筑立面，他将这描述成公共空间的围墙。这些建筑设有敞廊，敞廊具有连续的韵律和平稳的大体量等特征，体现出社会住宅的品位，树立了坚固持久的建筑形象。

这些过程也同样引导着奇里亚尼的其他一些设计。例如在圣丹尼斯的拉库尔丹格（La Courdangle）社会住宅中，奇里亚尼沿用更为古典的建筑文脉，采用了一个个拾级而上的厚重的金字塔形式（1978年～1982年）；因市政府的一次变故而流产的在尚贝里的国家项目（1981年～1983年）；在伊夫里的运河开发项目中精湛的立面连接方式（1981年～1986年）以及在马恩拉

如图所示为奇里亚尼的“城市片段”：campo santo 式风格的城市组合体。由拿破仑的元老院，M·博塔的剧场以及我们的住宅和这些城市片段组成的鸟瞰图（对面页图）。轴测图表明了“别墅院墙”和府邸型住宅单元之间的关系（上图）。邻共和大道的建筑主立面，水平划分的正面上，有一条一贯到底的垂直裂缝，形成了进入住宅内部的入口，并且保留了一棵200年的大树（下图）。

瓦莱的洛尼宏伟大气的曲线运用（1982年~1986年）。

在城市设计方面，奇里亚尼保持了一种正统的研究方式和集合的思想。他力图在作品中表达出建筑水平体量和垂直体量之间坚实有力的连接方式。他的建筑形体，即使是宽大的板式建筑，也充满了虚实相间的复杂构图，正如他最近在荷兰鹿特丹、格罗宁根、奈梅亨和海牙的作品一样。

对于住宅的室内设计，奇里亚尼得出了一个悲观的（或者简单地说，现实的）结论。他断言，在这一领域里有着一系列无法变更的特点，他从未试图去更改室内的生活方式。相反，他专注于用光线塑造空间的效果。奇里亚尼力图扩张对空间的感觉，使得10m²的空间看似12m²，而不是简单地让灯具充斥室内。他经常成功地将光线、阴影甚至是室内的纪念物进行精彩组合。这在他1987年~1991年设计的巴黎谢瓦里尔街社会住宅中的跃层单元中可见一斑，这些住宅看起来像叠置的小型别墅。而奇里亚尼设计的另外一些住宅向室外景观更为开放，如1991年~1994年设计的可以俯瞰贝尔西公园的住宅。1992年~1995年，在科隆布的斯大林格勒－马尔索开发项目中，因为必须遵从提高城郊中心区密度以及有关法国社会住宅的严格规范，奇里亚尼对一系列复杂的典型单元进行了修改。

奇里亚尼的每一件作品都被看成具有教学价值的典范，他对风格迥异的建筑室内、连续的空间走廊以及色彩进行了仔细的研究。这样获取的经验在他的两个博物馆中进行了尤为突出的表达，但在一些更为朴实的公共建筑作品中也有所体现，如圣丹尼斯日间看护中心（1978年~1983年）、洛尼的社区中心（1986年~1987年）以及多尔西的幼儿护理所（1986年~1989年）。

奇里亚尼对于建筑采用多种材料的组合并不很感兴趣，也不喜爱具有光滑表面、抽象性和完美可塑性的混凝土建筑，他寻求由材质、色彩和形式造成的视觉感受。在建筑中，他发展了一种现象学的直觉，追寻一种可以表达真实本质的方式。在这一方面的研究中，尤其表现在他对空间和自然光线推崇的倾向中，存在着一种奇妙的形而上学和精神特质。光线在佩罗讷城的一战纪念馆（1987年~1992年）中占据了绝对的主导地位，这个作品表现出少见的沉静。在这个作品中，奇里亚尼精彩地表述了勒·柯布西耶首先诠释的建筑步道的概念。一战纪念馆的建筑空间灵活、流动，它背靠佩罗讷城的废弃城堡，面依一泓清水优雅地舒展开来。

1983年~1995年建造的阿尔勒城考古博物馆位于莱茵河畔，用于保存这个城市的大量古罗马艺术收藏品。奇里亚尼在这个设计中选择了等边三角形，意在表现罗马建筑的强烈几何形体。事实上，他试图将这个基本几何图形进行进一步分割。这从表面看似乎很容易，但实际上很难处理，而且无疑是建筑形式中极少涉及的一个领域。在这个混凝土和大片明亮的蓝色玻璃连接的建筑中，总平面设计表现出成熟的雕塑感。奇里亚尼设计的博物馆围绕中心天井呈螺旋状展开。博物馆紧靠场地一侧向外延展，犹如张开的翅翼要超越三角形的边角限制。大面积窗户构成了河岸景色的壮丽画面，成为地中海明媚的阳光下清凉的一幕。

这是一次抽象主义的赌博（不然，带来的失败将会使他声誉受损），它揭示出奇里亚尼的设计过程以及敢于对常规进行挑战的雄心。实际上，奇里亚尼的最初愿望是成为一名教师，去探索现代空间的丰富潜力。他苦心分析现代空间的组织原则，以及它对美学和形态的影响。奇里亚尼是一个追求秩序和真实的人，他关注现代主义甚于猎奇，关注连贯性和完善性。他的诽谤者立即

抨击他所谓的正统学究气，仅仅为了想把奇里亚尼的作品归于现代主义运动的陈旧重复，他们就批判他远离参与对种种时髦话题的争议，缺乏现代感。

亨利·奇里亚尼（1983年被授予法国国家建筑奖）在学生中获得了广泛的声誉。1969年他被指定组建巴黎第七建筑学院（UP7），他在那里执教直到1977年，之后他和他的学生转入巴黎第八建筑学院（即现在的美丽城Belleville）。这位热情的教师展示了他非凡的感召力：他聪敏的语言；他用来诠释空间感受的警句；他表现出的热情；特别是自从1978年以来，他与来自Uno组的同事们一起设计的建筑等等，吸引了深受启发的几代学生。随着时间的推移，奇里亚尼过去所做的研究，在艺术领域中显示出了强有力的竞争性，并在多项比赛中获胜。

近年来，在法国建筑界，思潮纷繁迭出，呈现出散乱的倾向（这类似于维尔里奥和博德里亚的哲学思考）。这些散乱的思潮企图追寻建筑中各种不定因素的意义。与此相反，奇里亚尼却延续了对现代主义的坚定信念。这两种思潮表明了在建筑中艺术性和社会责任感的两种相互对立的现代主义观点。散乱派的观点倾向于接受现代的所有形式，包括混乱和对传统范畴、美学以及社会关系的解构，迷恋于这个世界的漫无目标的飘游，他们满足一切形式的真实性。

而亨利·奇里亚尼仍处在更为理想化的偏爱光的现代派传统中。这种传统力图以新的艺术（或至少表现进步是可能的）服务于社会，并且相信当代建筑必须有所缘由而并非单纯的形式。甚至对于那些对现代主义并不持乐观态度的人，在体验奇里亚尼以光线造形的作品时，也能感到舒适和安慰。超越学术的教条主义，在奇里亚尼坚定的立场之中有一种令人欣慰的东西，它对抗着声势浩大却毫无生命力的建筑空想。20多年以来，正是这些建筑空想已经将我们的社会四分五裂了。

东西剖面显示了佩罗讷城历史纪念馆展览空间、入口与自然光线之间的关系（对面页上图）。阿尔勒城考古博物馆透视图——它的瞭望台和中心楼梯一道作为三角形的支点——将屋顶花园和展览空间的天井联系起来（上图）。咖啡厅室内下沉空间以及窗框中的街景（下图）。建筑的等边三角形平面的各边不断靠近，但永不相交，这样基本几何图形才能与建筑文脉和功能相适应（次页图）。

Works | 作 品 ▶

医院厨房

Hospital Kitchen

法国，巴黎，66 圣 · 安东尼医院

66 SAINT ANTOINE HOSPITAL, PARIS, FRANCE

该竞赛要求在一个大型首都医院建一座可容纳 30 个服务员、每天供 3000 人次进餐的新厨房。该医院位于巴黎中心区，采取分期建设的方式，如同医院已有的所有设施就曾经历了一百多年的建设周期一样。

厨房坐落在西多街的北边，位于城市人口密集区。总体设计要协调相邻两建筑互相冲突的比例，一侧是具有巴黎临街典型尺度的高大公寓楼，另一侧是医院本身，它是一个两层高的新古典主义建筑，后来加建了第三层。该建设用地约 30m 见方，所有出入口都位于医院底层背面，由于没有必要在临街面设置出入口，因而有条件来强调建筑的“立面”形式。

厨房的自由布局体现了现代主义理念的本质：空间开放、流通。该项目的服务部分（储藏空间、备料间、烹饪操作间）的基本构想是固定在厨房平面的一角，这样就能使其他的剩余空间自由灵活。服务与被服务空间（进餐分布点）的对比是该平面组织的基础。服务空间形成一面墙，限定了自由平面的两侧，形成方形空间，在这方形空间中食物分盛在一个个盘中。

这一服务空间呈倾斜状，向医院与日出的方向敞开，厨房的室内设计融入了现代建筑自由平面的理念，原本平淡无奇的医院厨房在某种程度上仿佛是沐浴在阳光中的工人俱乐部。以简单线型展开的各层平面、平滑的混凝土曲线以及网格状的柱矩支撑着屋顶花园——这是对当代建筑构造方式的合理演进。

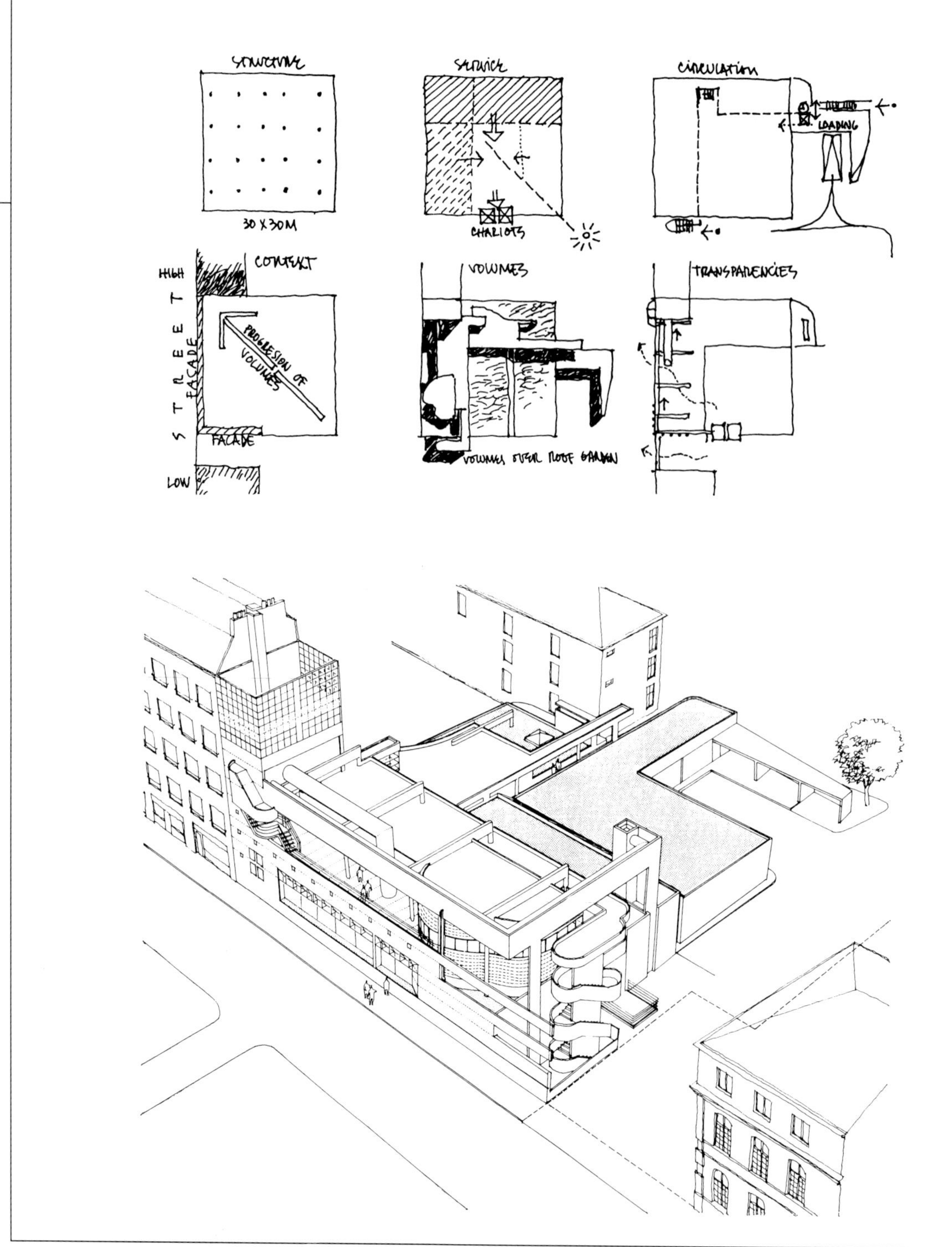

STRUCTURE
SERVICE
CIRCULATION
30 X 30M
CHARIOTS
LOADING
HIGH
CONTEXT
STREET
FACADE
PROGRESSION OF VOLUMES
FACADE
LOW
VOLUMES
VOLUMES OVER ROOF GARDEN
TRANSPARENCIES

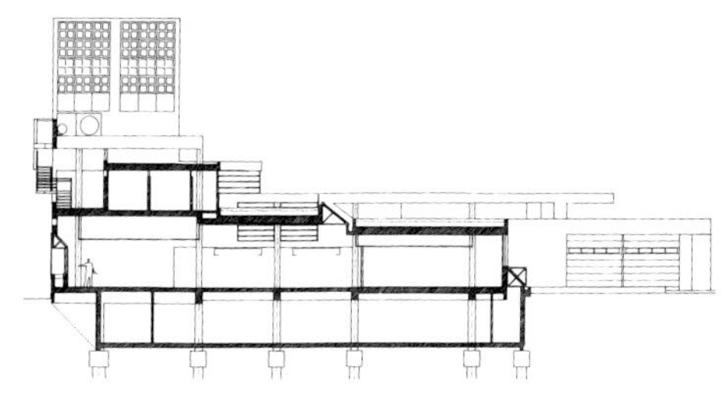

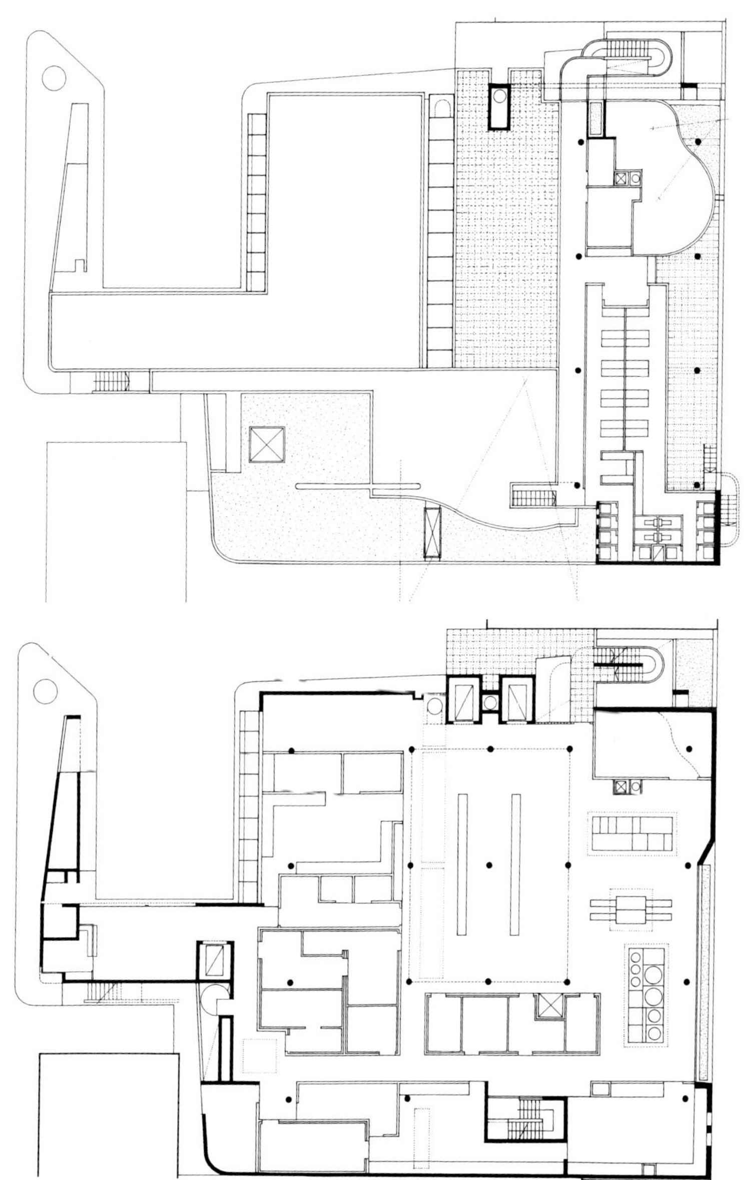

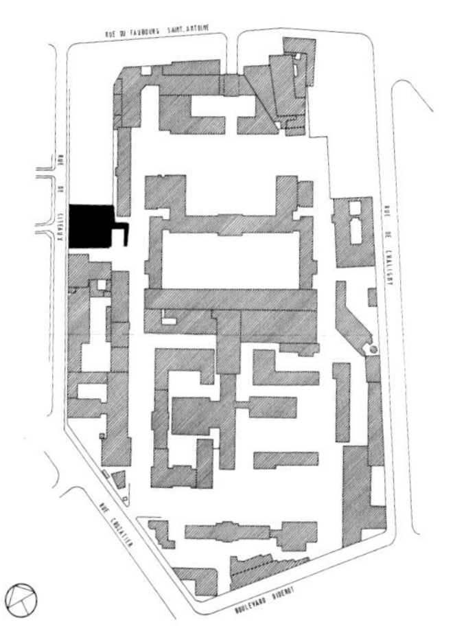

表明该项目与周围环境关系的系列分析图。入口在建筑背面，而不是临街设置（对面页上图）、轴测图（对面页下图）。剖面，阳光照在花园平台上。建筑随高度而逐级退台，阳光倾泻到各层平台上，并顺着建筑的顶部洒向街道（上图）。屋顶平面，职员与工人的俱乐部（中图）。总平面与厨房平面功能布置图（下图）。

从医院过来的步行道沿卸货台导向一侧，界定了厨房的用地范围。这一路线是经过厨房始于屋顶花园的步行道。步行道的终点（上图）。步行道的中部（下图）。回望步行道（中图）。通向排气系统的楼梯细部。敞廊采用通透的手法，开放的框架可以让阳光自由倾泻到街面，这是现代的建筑语汇（对面页图）。

医院厨房

服务空间形成一面墙，限定了自由平面的两侧，形成方形"服务"空间，在这个方形空间中，食物分盛在一个个盘中（上图与下图）。厨房员工的休息室、玻璃外墙赋予该建筑自由轻松的氛围，犹如在工人俱乐部一样（中图）。从"工人俱乐部"俯瞰街道（对面页图）。

市幼儿护理中心
Municipal Child Care Center

法国，马恩拉瓦莱，多尔西，市幼儿护理中心
MAISON DE L'ENFANCE, TORCY, MARNE-LA-VALLEE, FRANCE

市幼儿护理中心的用地为45m见方，沿对角线方向倾斜的坡地，对角线高差多达5m。顶层是一30个车位的停车场，中间层为公共人行通道，底层为服务入口。南面是一个14m宽双折线型楼梯，通向一个小广场。西面8m宽的通道将场地与一个三层高的居民楼分开。入口面向城市公共花园，视野开阔，形成中心公共空间轴线的一部分。

奇里亚尼的首要目的是强调东北两边形成的夹角。北边沿城市公共空间，以90°夹角偏转，形成建筑的东侧部分，中心入口就设在东侧。建筑体量强调了这个角度。

这个三层高的建筑向城市公共花园敞开，南面开窗，使建筑处于逆光中。体量内两层高的建筑空间以重点强调的立面突出了建筑的尺度。建筑体量向东延续，上部采用连续的屋际线。屋顶在最东面断开，衬托出入口的虚空间。为了支撑建筑，转角处为实体。在大广场的尽端，楼梯通向平台以及沿场地呈对角线起坡的空中花园。

为确保设计的整体性，屋顶平板在竖直方向一直延至地面，成为花园的围墙。建筑“带状体”使四周墙体形成连续整体，成为外观的重要特征。富有表现力的混凝土“带状体”为冷灰色，赋予建筑清爽的气息。

入口层平面
上层平面
花园层平面
夹层平面

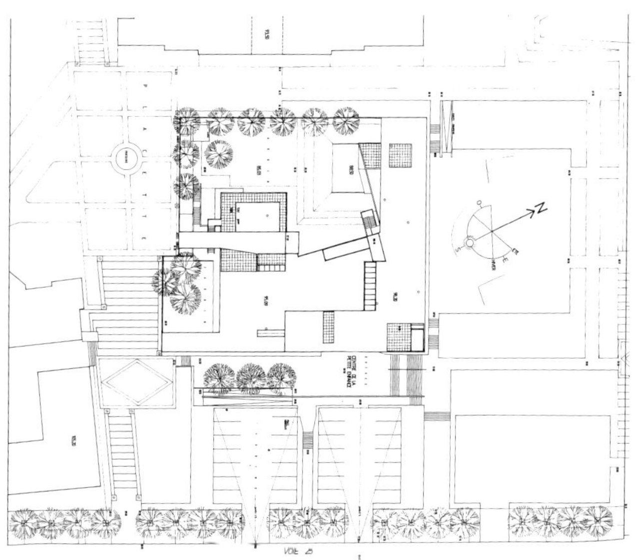

从南面鸟瞰整个建筑。建筑面东敞开，带有一个花园和层叠平台（上图）。该建筑连续的边界体现了建筑的统一风格，它的复杂秩序能够在它所有的变化中表现出来。这一形式的意匠强化了立面作为“社会保护层”的观念（下图）。

室内屋顶向外延伸，覆盖在室外平台上。在场地最远端，屋顶垂直转下，因此控制并限定了场地的边界（上图与下图）。平台细部以及日托中心的游戏场所（中图）。临花园一面的立面细部——建筑的中心体量（从西面看）和后面入口大厅的玻璃（对面页图）。

市幼儿护理中心

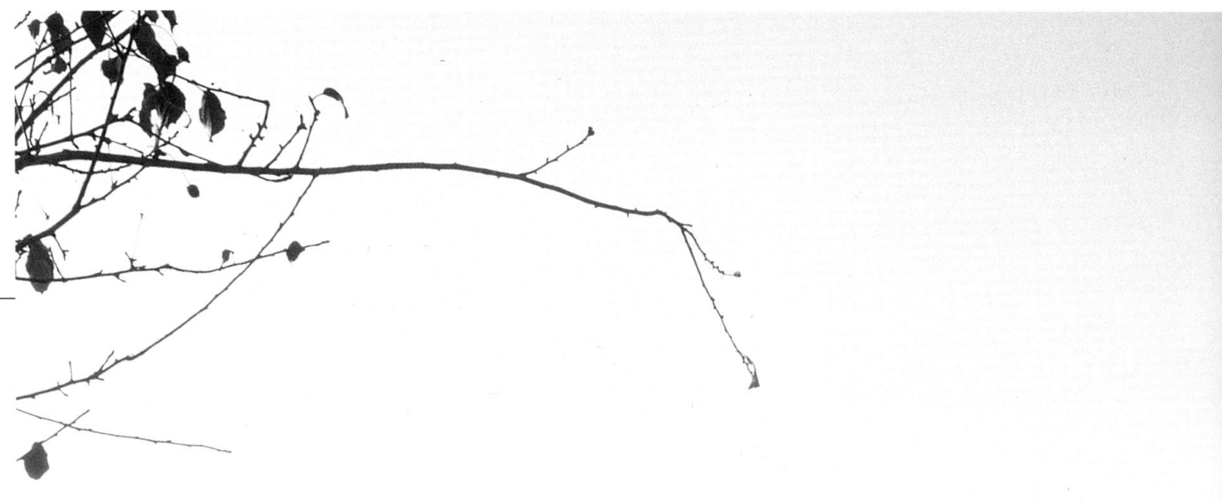

一个明确简单的长方形为相邻空间提供了强有力的背景。强烈的进深感通过两墙面的对比，即建筑的灰色外墙与内部柔和的粉色墙面的对比而获得，粉色墙体在北向房间渲染了温馨的氛围（右图）。中心两层高的入口大厅围绕着一个简洁的体量，沿四周展开复杂的组合形体，包括楼梯、桌子、椅子、室内灯光以及小卧室（次页图）。

从北翼夹层俯瞰中央空间（上图）。建筑室外近似镂空的墙体与室内强烈的通透感形成对比（中图与下图）。从后墙上的电梯间看入口：展示“流动空间”（对面页图）。

一战纪念馆
World War 1 Museum

法国，佩罗讷，一战纪念馆
HISTORIAL DE LA GRANDE GUERRE, PÉRONNE, FRANCE

佩罗讷城堡以前是法国北部地区的要塞，为第一次世界大战期间英法军队汇合之地。城堡的历史可追溯到几个世纪前：路易十四在十五世纪曾监禁于此。如今一条高速公路从佩罗讷城边穿过，距巴黎有70分钟路程。奇里亚尼设计的该纪念馆不是武器与军车的收集库，而是为了唤醒在一战中的民族意识，它记载着历史上民族分化的主要过程。纪念馆企图激发索姆居民的现实责任感，在那里，各民族士兵浴血奋战、英勇牺牲，因此，“历史性”赋予了该纪念馆高于其他战争纪念馆的卓越品质。

方案不仅强调了战争的非理性，而且强调了坚韧的信念以及卷入战争各方之间的矛盾。“战壕”的构思影响了建筑设计，展品按年代顺序陈列：分为战前时期、战争时期以及战后时期等，显示出历史的阶段性。战壕也可认为是工程需要。

竖向的开放空间分隔了表现不同时期的展览大厅，它同时作为进光口，从主画廊中脱离开来，形成独立空间。在竖向的开放空间里，参观者可以欣赏到众多画派迥异的画家、不同风格的作品，这些画家中有知名人士，也有无名小卒；有生者，也有逝者。后部的储藏空间在建造过程中加以改建——成为一个中心肖像画廊，展示出个体与整体的关系。围绕中心核的各厅集中展示了不同的历史时代。底层平面为常用的涡卷形，体现了形式与功能的结合，不仅可以近距离观赏展品，而且还有自然采光。新纪念馆紧邻佩罗讷的老城堡，它以简洁的外观与适宜的高度表现出对历史地段结构的尊重。一战纪念馆以其优美的西立面完善了古城堡的整体形象，形成怡人景致，在柱廊下设有沿湖的幽静步行道。

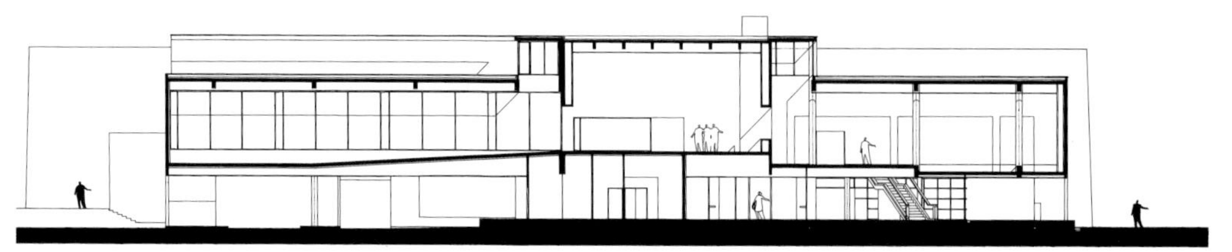

南北剖面 A

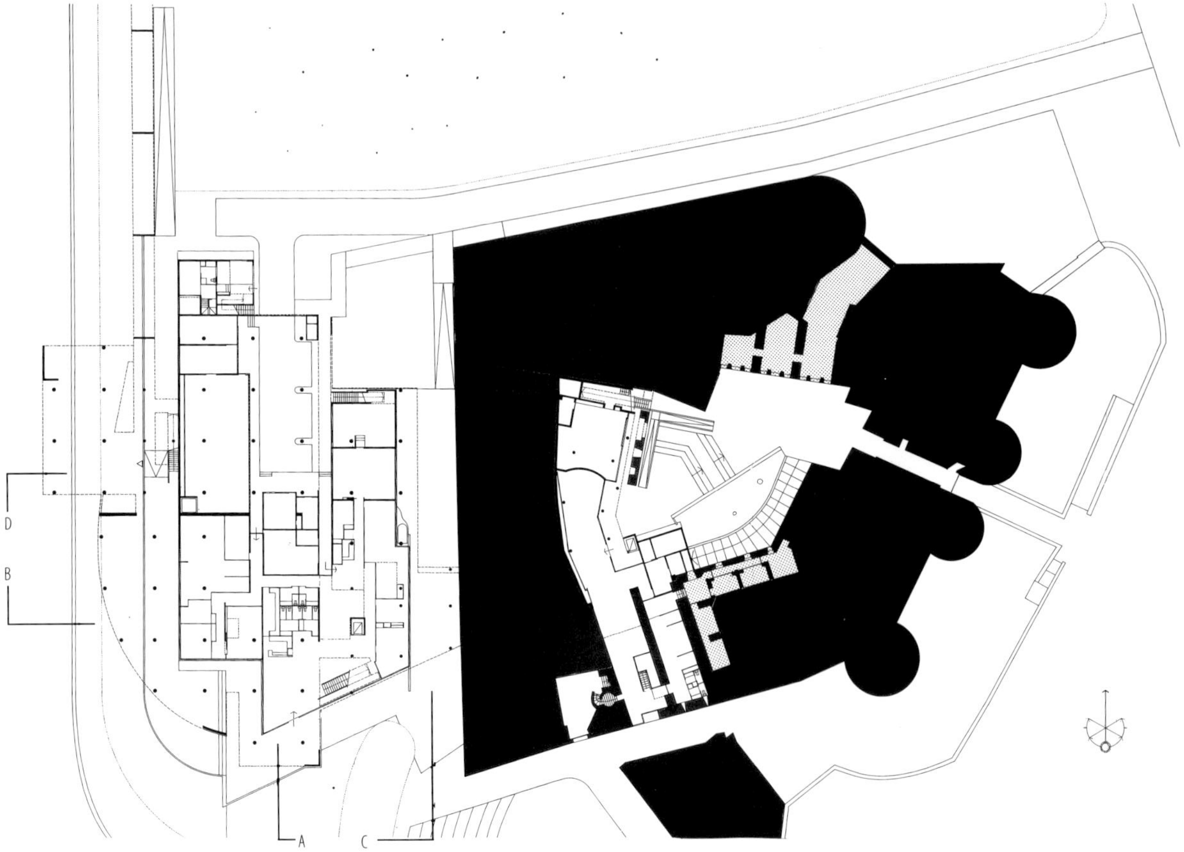

D
B
A
C

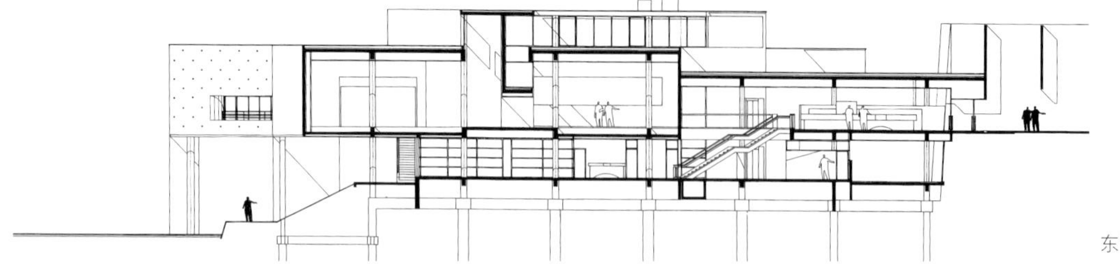

东西剖面 B

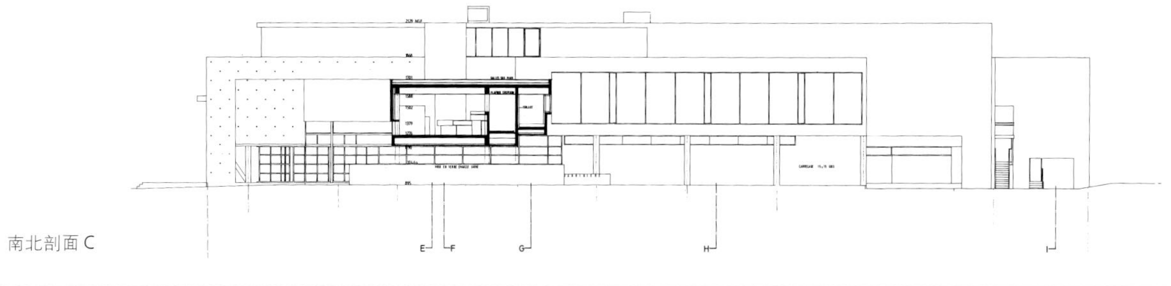

南北剖面 C

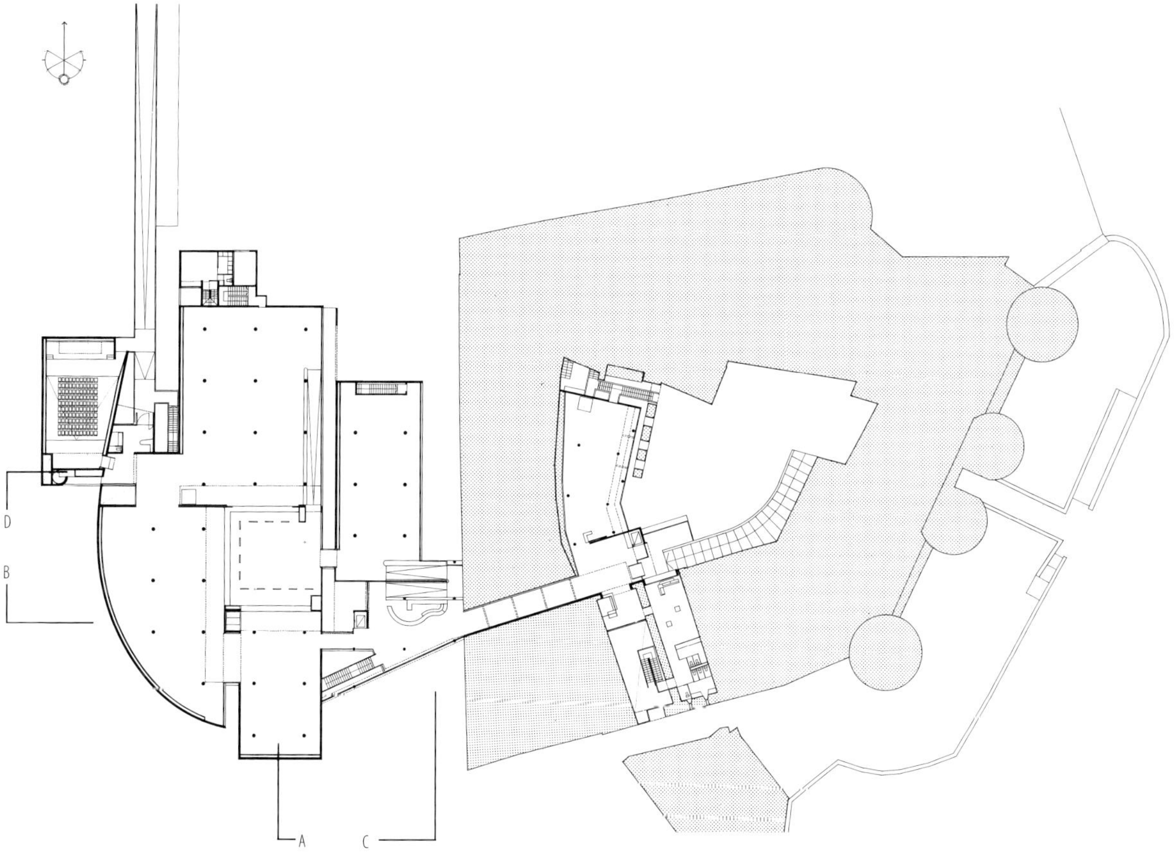

上层平面：纪念馆的主入口及书店；临时展览大厅；位于坚实的城堡中的售票室；纪念馆的五个固定展厅；以及有自己的出入口的观众席（中图）。下层平面：位于坚实城堡中的餐厅与厨房；外部：自助餐厅、办公室、档案中心、储藏间、研究员公寓、保管室以及传达室（对面页中图）。南立面外观。圆柱形的白色大理石凸饰受到军人墓地白色十字架形的启发，随着太阳的移动而赋予立面无限生机（次页图）。

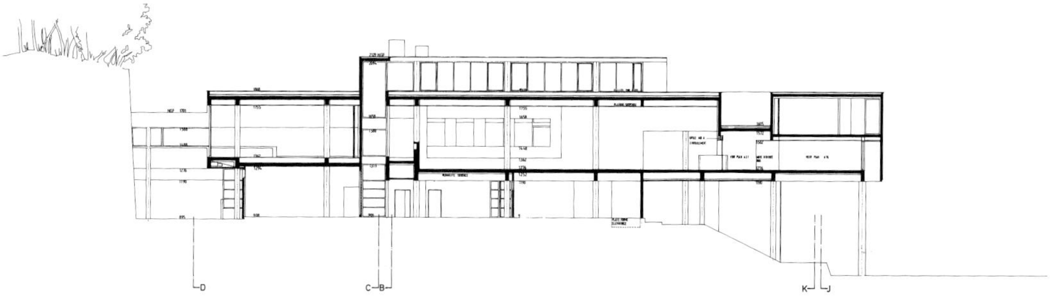

东西剖面 D

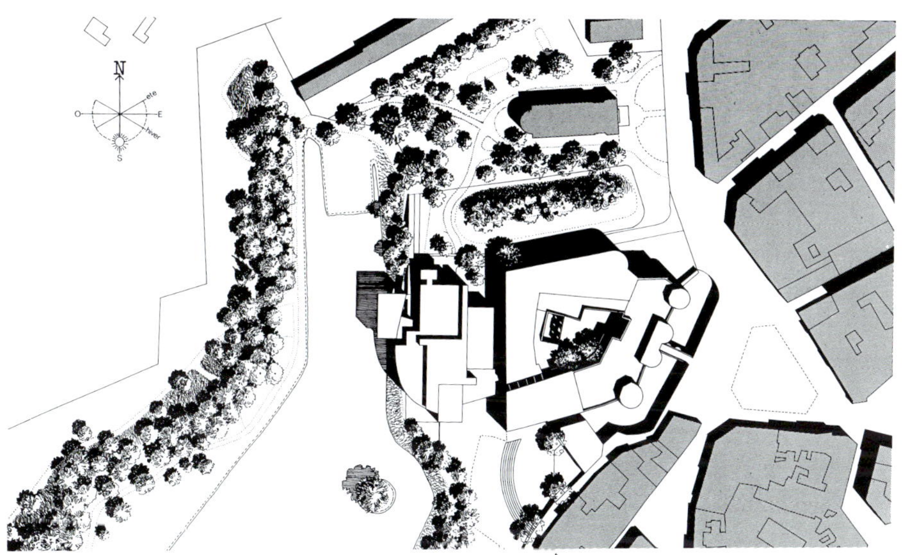

北立面，建筑体量划分为几个部分来减小尺度感，目的是容易与周围的居住建筑尺度协调（上图）。总平面：展示城市、城堡、纪念馆以及河流之间的关系（中图）。在湖边观众厅的体量以及它的室外入口：一个斜坡延伸到作为场地背景的研究员住所（下图和对面页图）。“1916年～1918年”大厅的全景，对该大厅的参观速度、流线以及机械设备等方面进行了重点处理。自然光照亮了房间，光线也反射到邻接的肖像画大厅（次页图）。

SECOND
LIBERTY LOAN
of 1917
SURE!

VERSEZ VOTRE OR
SALON DES ARMÉES

主入口（上图）。画廊和临时展厅（中图）。中央空间——肖像画大厅，四周为固定展厅（下图）。一种静谧的空间氛围环绕四周——这是下层平面的核心部分（对面页图）。

考古博物馆
Archaeological Museum

法国，阿尔勒，考古博物馆及研究所

INSTITUT DE RECHERCHE SUR LA PROVENCE ANTIQUE, ARLES, FRANCE

该博物馆坐落在一个半岛上，是阿尔勒旧城与新区间的过渡。奇里亚尼的设计方案赋予整个场地独特个性，形成的景观类似于比萨的Campo Santo建筑风格。博物馆附近是古罗马马戏场，因为马戏场的尺度与所处的特定位置，要求博物馆的场地设计要和旧城紧密联系起来。这使得奇里亚尼设计事务所在设计博物馆时，必须控制剩余的可建造空间。阿尔勒城拥有丰富的历史遗产，该建筑的形式即是源自对这个广场和马戏场的借鉴。博物馆运用了三角形平面，以完善城市的整体结构。这个纯粹的三角形易于被公众认可，因此，三角形在新博物馆与古罗马马戏场之间形成联系，恰如其分地把握了场地空间的特性。

博物馆的朝向限定了三面墙体大体的角度关系。迎着阳光的一面（朝向the lock）外墙完全敞开；临罗讷河、迎着西北风向的一面是一个光滑的玻璃幕墙；第三面，毗邻古城及古罗马马戏场，突出的构件与通透感赋予立面生动的效果。从入口大厅分支的两翼是展览空间，它沿中心庭院展开，向河流开放。三角形的展览空间呈环形，以减少往返，缩短参观距离，同时有利于以后的扩建。考虑到博物馆内展品的尺度与重量，展览空间设在地下层。

呈直线的两翼（从事科学与文化研究）界定了博物馆本身的内三角形的角度。光线是赋予该项目生机的因素，自然光柔和、易于控制，或被悬挂物遮挡，在每个空间都创造了特殊的氛围。在夜间，独具匠心的点光源照亮了博物馆内每一件展品。

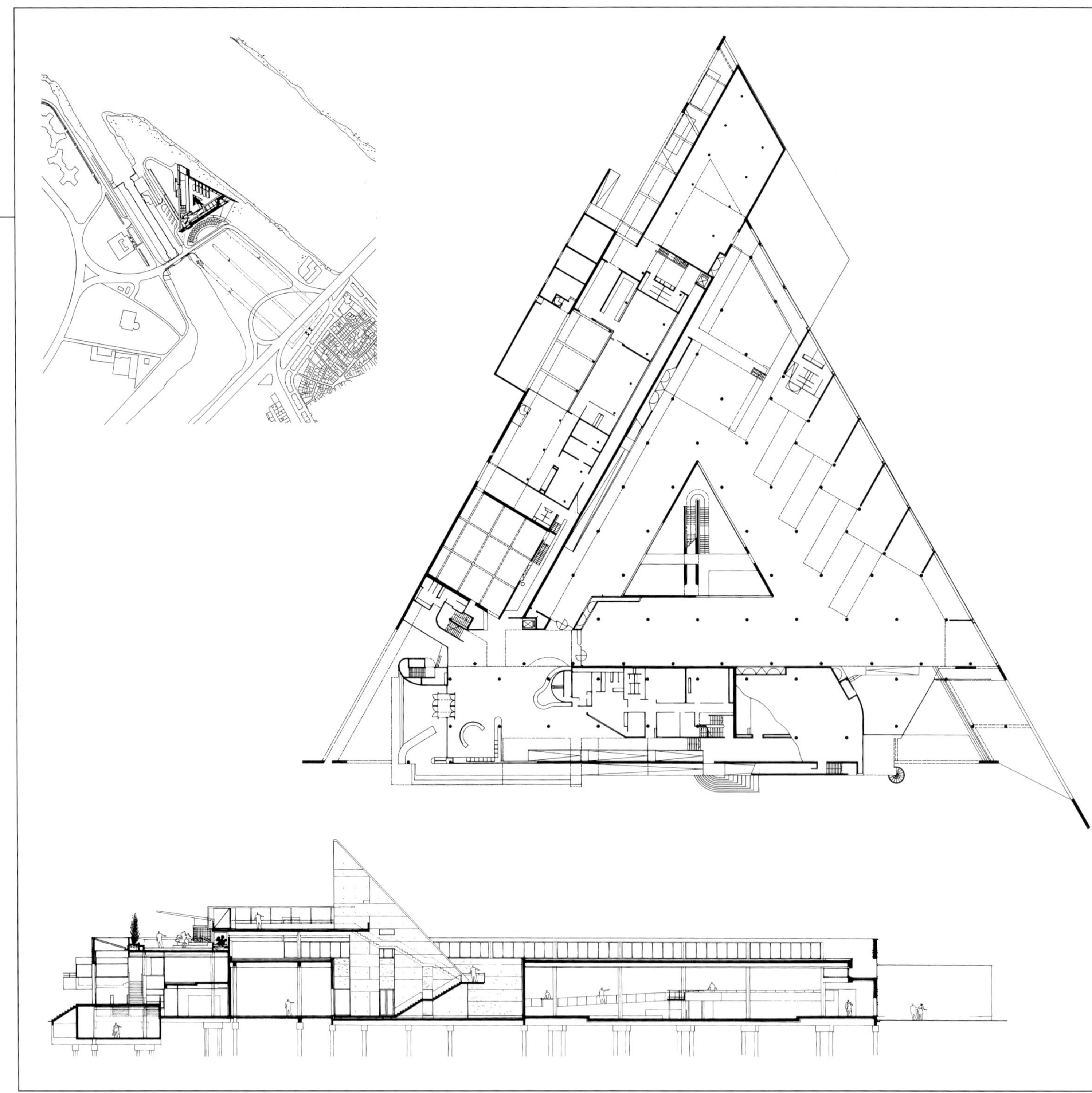

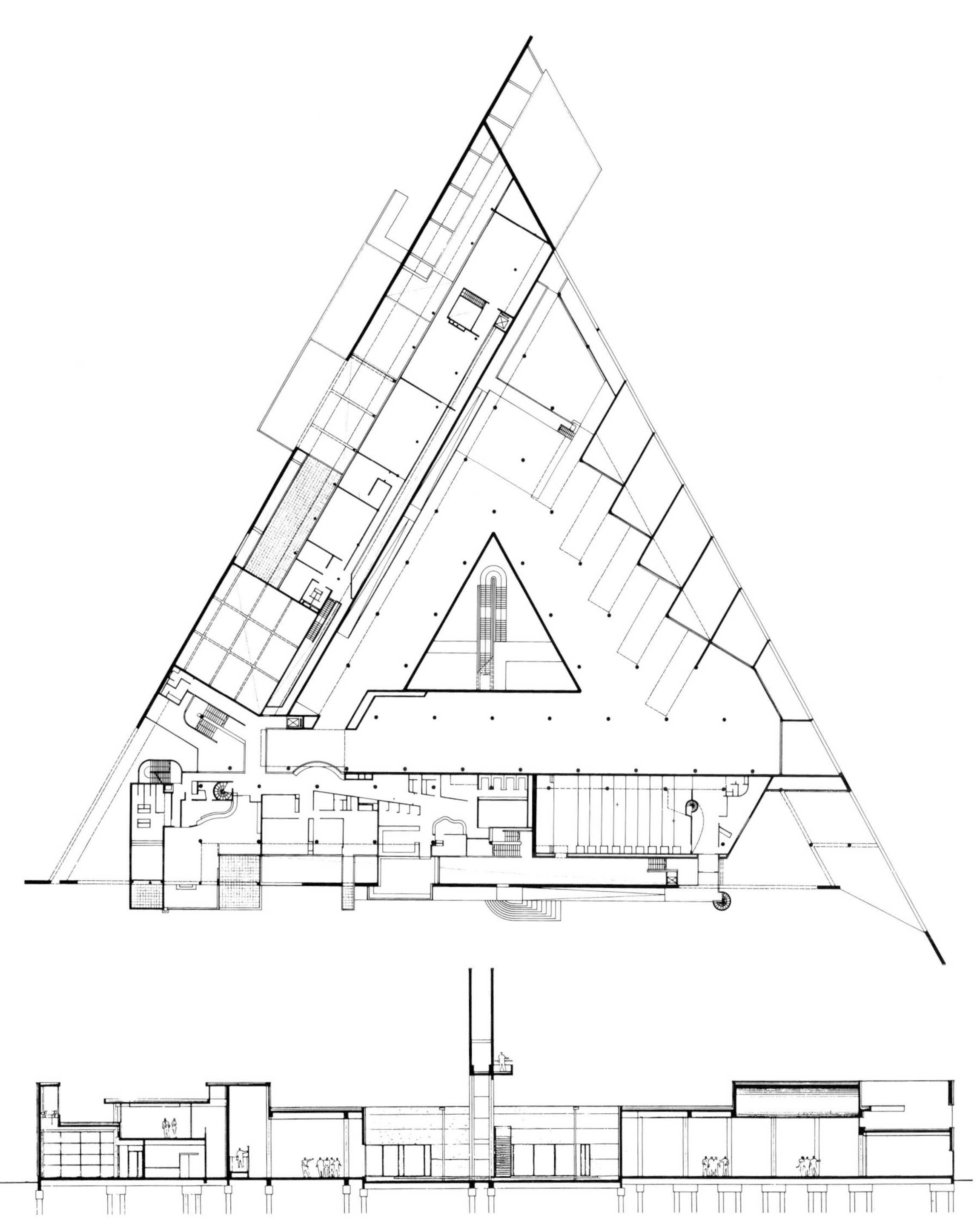

一层平面中从事科研工作的一翼（包括考古学校、轻质展品储藏间）。东北面是从事文化研究的一翼（包括办公室、档案中心以及图书馆、自助餐厅和职员休息室）（上图）。西南方向剖面（下图）。总平面、东北剖面以及地下室平面，南面从事科研的一翼（包括临时展览大厅、实验室、工作间、贵重展品储藏间），东北面从事文化研究的一翼（包括售票室、书店、学龄儿童教育中心、导游间、230座观众厅以及更衣间）。由两翼限定，作为入口的中心点是一个收集展品的固定空间。它沿着一个开放院落展开，延伸出去以完善三角形区域，可鸟瞰建筑的第三面：临罗讷河的一面（对面页图）。

面向城市的东北土立面。从远处，建筑的位置本身就像城市的门户，又像古罗马马戏场的背景。该立面从场地水平突出出去，形成场地象征意义的屏幕和景框（内部包括公共平台、馆长的阳台、图书馆阅览室）。三角形平面简洁，易理解，但四周仍有构图上的小变形，夜间形成戏剧性效果（次页图）。

东北立面临河外景：蓝色玻璃墙面从混凝土墙面中稍稍脱离出来，用平头螺栓连接（右图）。装有法国滤光器的南面有充足的光线通过顶棚，透过三角形院落的玻璃窗激活了空间的流动性。固定展厅内景，在展厅，透过天窗的日光淡化了长长的红色平面，而反射出对面的墙体，这与质朴空灵的院落相互映衬（次页图）。

从自助餐厅朝着主立面方向的景观，也是带有景框的城市景观（上图）。馆长办公室俯视二层高的画廊（中图）。用 pretra serena石材制成的室内固定家具增加了入口门厅的活力（下图）。画廊入口处的景观，画廊平行于上层主立面，自助餐厅平台以及向上层画廊敞开的办公室（对面页图）。

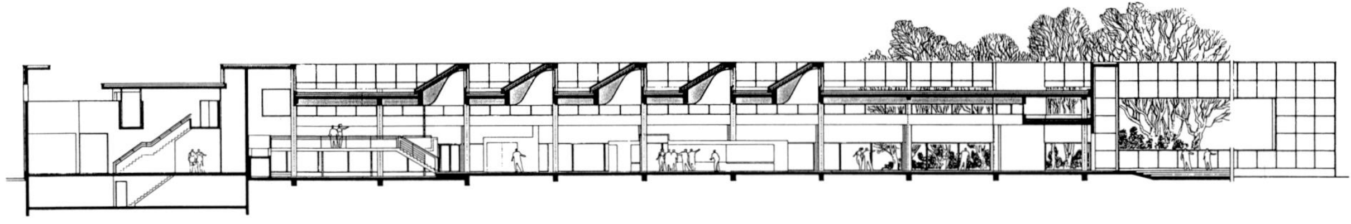

考古博物馆

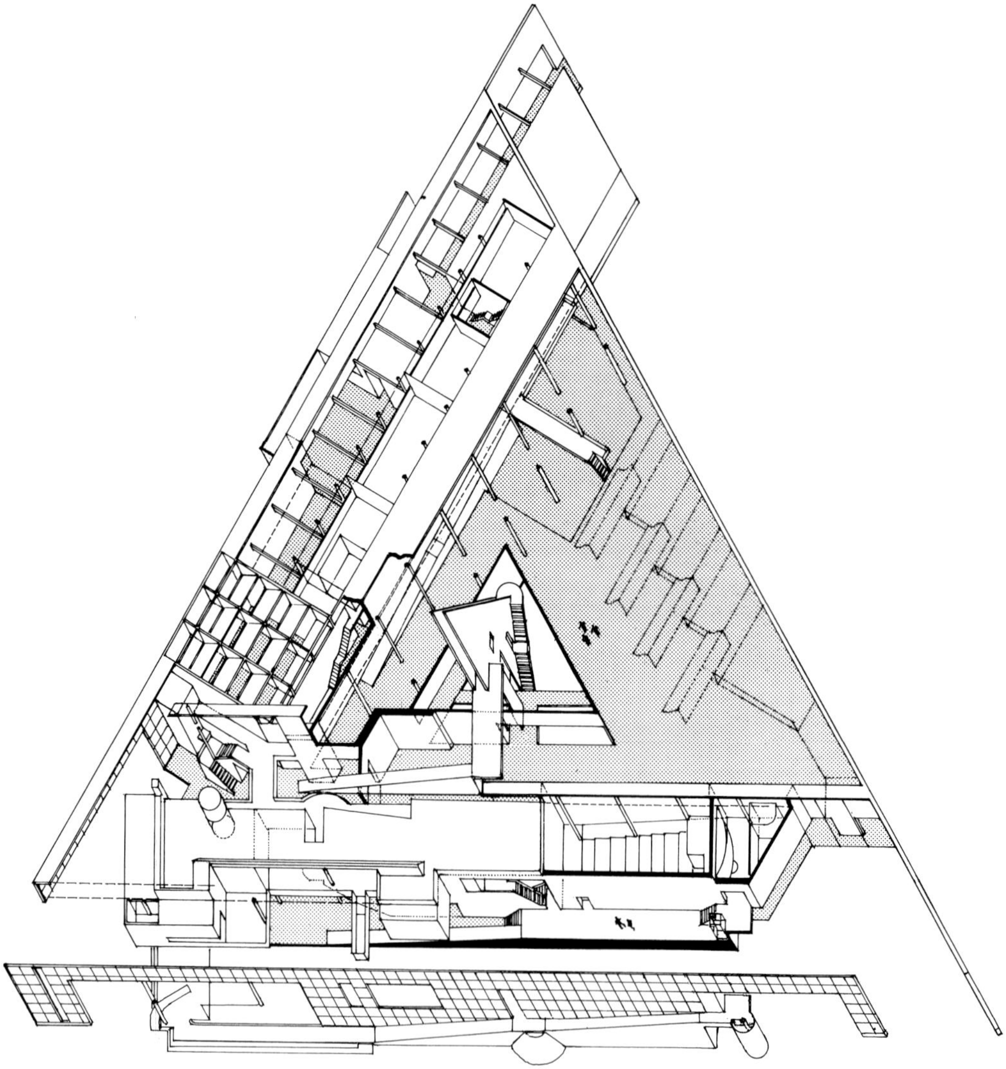

考古成果展示厅，从平台上俯瞰马赛克地面（上图）。住宅内手工制作的容器（中图）。城市主要的标志性雕塑（下图）。固定展厅剖面与轴测图（对面页图）。

马恩社会住宅
Marne Social Housing

法国，马恩拉瓦莱，大努瓦西
NOISY-LE-GRAND, MARNE-LA-VALLEE, FRANCE

在该住宅项目中，奇里亚尼提出了“城市块”（an urban piece）的概念，它完善了马恩拉瓦莱新城的规划需求。“城市块”的有机线形连接体呈直角正交，横跨在用地边界的主干道上，并沿直线延伸，跨过对面的小型住宅区，以巴黎地铁车站及当地购物中心为结束点。这些简单的几何形平面符合场地的总体规划。T形构图形成了空间的骨架和边界。它由两部分组成：即努瓦西Ⅱ与努瓦西Ⅲ两座建筑。

· 第一个线形建筑，在整个区域中起“城市正立面”的作用。作为城市块的边界，该线形建筑的前部分与对面建筑群之间形成了一条林阴大道，对面建筑群中的其中一栋也是由奇里亚尼设计事务所设计。

· 第二个线形建筑与第一个线形建筑分离并相互垂直，它包括有一个中心庭园空间，下面设有地下服务网络，这与高耸的第一线形连接体相呼应。

· 第三幢建筑横跨街区，于一年后修建。

两幢建筑交接处为宽大的柱廊，形成入口处的装饰元素。线形建筑塑造了简洁的空间，深深的立面阴影与多重透视关系赋予场所吸引力。线形连接体的前部长达180m，建筑布局巧妙，它结合地形向一个开阔的平台倾斜而下，成为该区域的标志。二层高的阶梯形平台与通向后面另一住宅的步行道相连。该规划的尺度主要考虑一定距离内所见的尺度。七个“生活块”（其中之一为入口门廊）在水平方向自由地连接起来，调节竖向尺度，使整幢建筑完整统一。由于该建筑面北，故居住单元相互连接，像环形塔楼，这种形式通过采用对角方向的渐变和恰当的开窗角度，使太阳可以照到建筑侧面。

城市正立面：主要的线形建筑作为城市的典型立面，是对“城市片段”概念的具体实现和阐释，由立面和入口组合而成。这个主要的板式结构建筑首先形成了外墙（上图），然后构成了进入室内的入口（中图）。东南面的公园和开敞空间进入建筑的入口（下图和对面页图）。

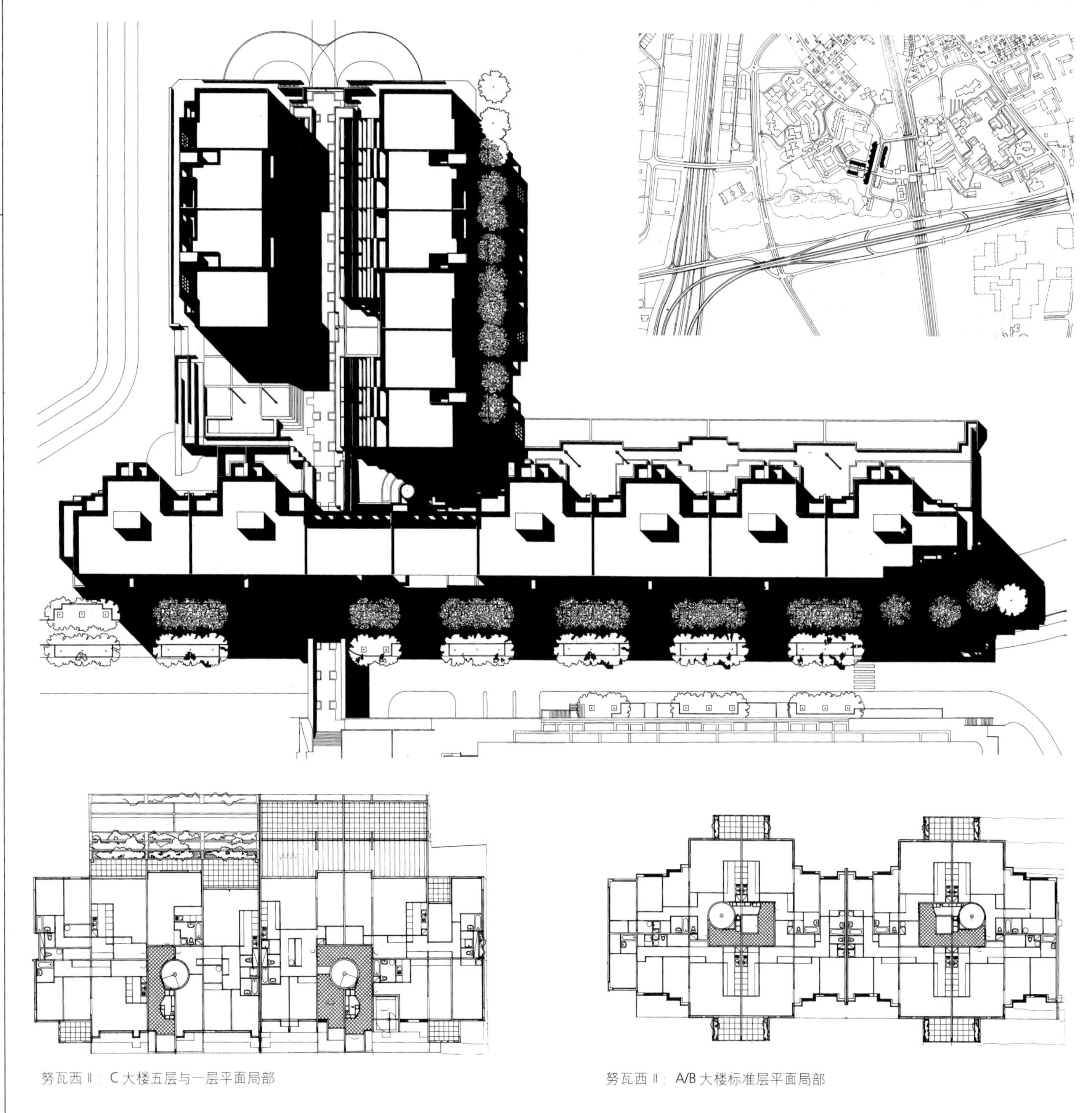

努瓦西Ⅱ：C 大楼五层与一层平面局部

努瓦西Ⅱ：A/B 大楼标准层平面局部

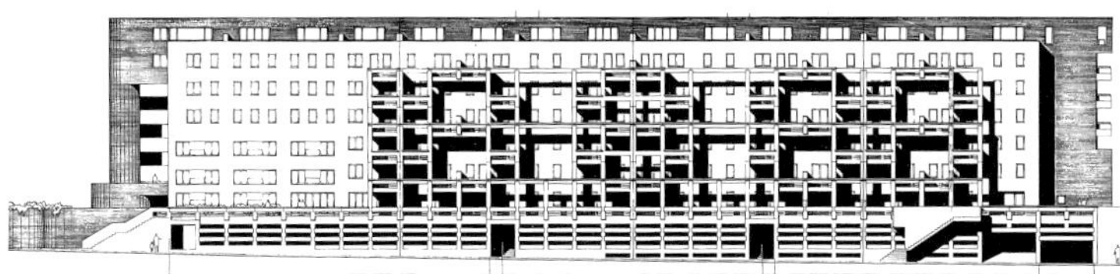

南立面

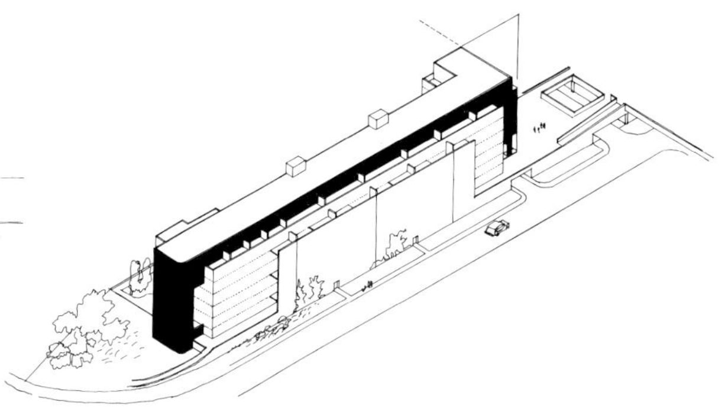

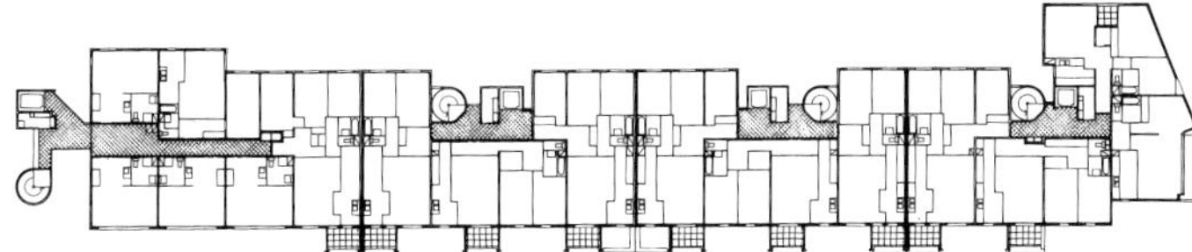

努瓦西 Ⅲ：标准层平面

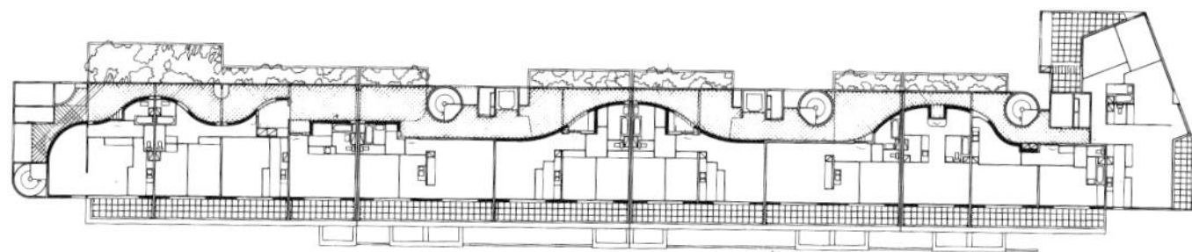

努瓦西 Ⅲ：七层平面

努瓦西 Ⅲ 线形建筑，与城市正立面平行，二层高的网格状凹形平台从地面逐渐升起（车库）。最底层的小单元体是一个小空间与具有雕塑感的垂直交通空间在建筑端部结合的产物（右图），这是建筑的构图要素，像对面的建筑一样，使用了相同的红色面砖覆盖洞口（对面页图）。

圣丹尼斯社会住宅及设施
Saint-Denis Social Housing and Facility

法国，圣丹尼斯，拉古尔当格
LA COURDANGLE, SAINT-DENIS, FRANCE

该项目位于巴黎北部的圣丹尼斯镇，奇里亚尼设计事务所接受邀请设计一座位于城市新开发区的住宅及相应设施，新区与紧密排列的等级森严的古代街道相邻。北部是一幢风格不协调的11～18层高的住宅楼。该用地与两条街道相邻：向南是奥古斯特－普兰街，即城市主轴线，有14m宽，95m长的临街立面；东部是让－摩尔莫街，有10m宽，80m长的临街立面。

这项工程满足城镇规划的两条法规。第一条是七层的高度限制，因而，可从奥古斯特－普兰街对面的一大块空地上看到该建筑，空地是一个露天集市。第二条是新建筑必须相邻于两条已有的街道。

该项目有130套公寓，主要是小套间；230个地下停车位；一个市立日托中心，该中心是为60名两岁以下的儿童所设立。这个住宅项目采用了极为严格的建筑原则，即使用单一尺度的网格——5.6m的网格。奇里亚尼设计事务所已经在马恩住宅项目中尝试过5.6m的网格，在该项目中再次被用到，并且被纵向延伸。日托中心位于一座四层高建筑的底层，奇里亚尼对空间的连续性和体量的摆放进行了有条不紊的设计，使阳光自由地照射到建筑上。在让－摩尔莫街的拐角处，这座长条形的建筑与第二座建筑相遇、相交，形成一中心庭院空间，加强了建筑的整体性。

拉古尔当格的外墙由一些平板组成，通过色彩的运用来强调这些平板的变化。最前面的平板是白色混凝土；限定外围空间的墙板采用红色面砖和混凝土组成的条纹饰面；一些平板采用蓝色，从建筑的体量中脱离出来，形式自由，这是外墙的第三个组成部分。这些体量在外墙的厚度范围内变动，这些丰富的色彩再次声明了他们与立体主义和抽象派艺术的关系。

A 100m

圣丹尼斯社会住宅及设施

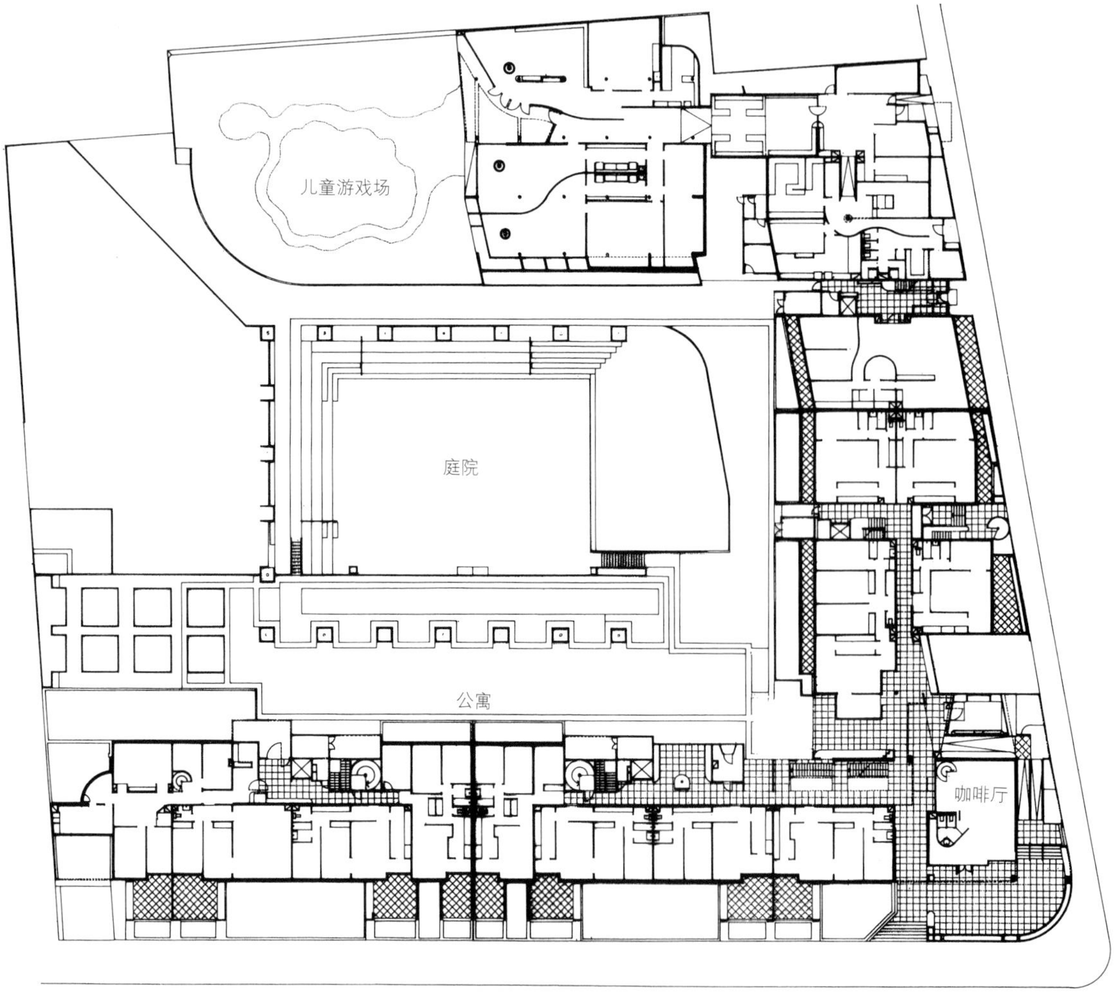

用条纹及几何形横带饰面的七层建筑，从周围街道的混乱环境中脱颖而出，并在这个本无结构可寻的空间中形成一个转角（上图）。拉古尔当格临街平面（下图）。该设计采用了一个视觉强烈的精确几何平面，这是受到了静物画构图的启发：各自独立的建筑和高层建筑转换到一个图画平面后，它们结合在一起，形成一个新的、和谐的城市环境（对面页图）。圣丹尼斯工程以及东南角的街区的轴测图（对面页的中图）。

儿童游戏场

庭院

公寓

咖啡厅

街道层平面

N↑ 20′/6m

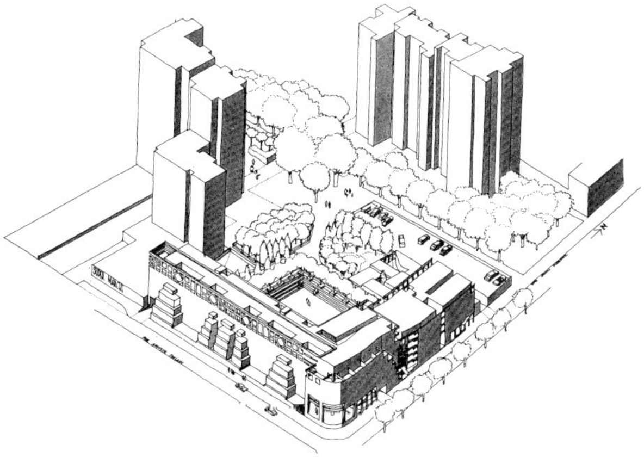

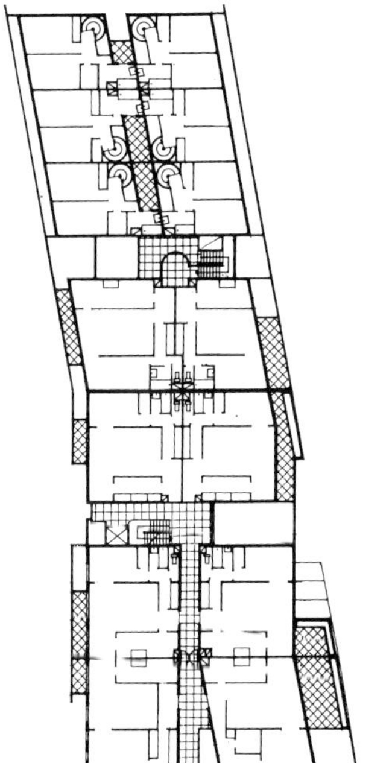

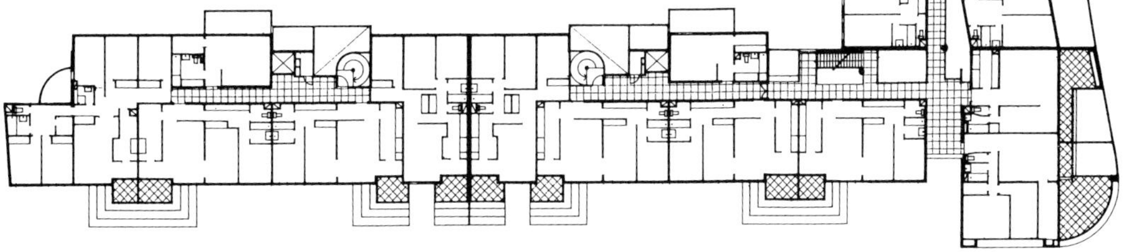

标准层平面（1～5层）

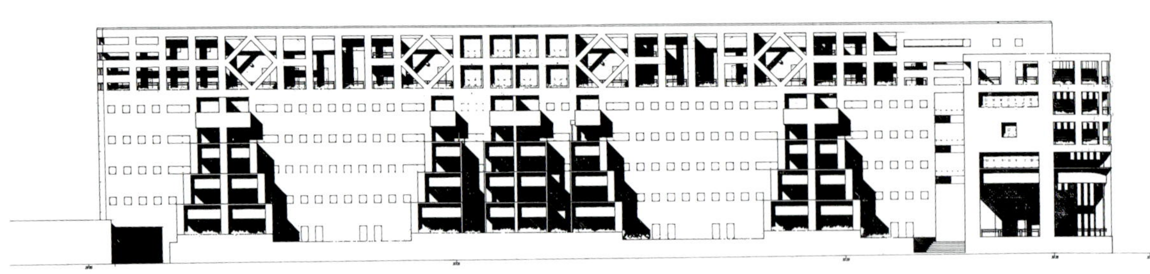

南立面

内部是一个纯净的直角图形，包含一个完整的方形空间。居住区的生活品质因为绿化而得以提升（上图）。底层的儿童日托中心位于方形空间的南边（下图）。建筑正面的分层有助于递减体量的接合，也为公寓提供了外部空间。蓝色的墙板使该建筑与天空融为一体（对面页图）。

CRECHE FAMILIALE
21

儿童的游戏区，门的设计是依据形态学原理："看到孩子是为了去保护他"（上图和中图）。为了让校长能完全地融入到中心生活，校长办公室采用大面积玻璃（下图）。整个儿童日托中心围绕一条独特的中心流线组织在一起，明晰的流线把花园的游戏区（位于最远端）置于入口门厅（位于显著位置）的可视范围之内（对面页图）。

伊夫里社会住宅
Evry Social Housing

法国，伊夫里－古尔古洪，运河整体开发区
ZAC DU CANAL, EVRY-COURCOURONNES, FRANCE

在伊夫里新城的运河整体开发区，一条300m长的直线形雨水水库自东向西流。水库远处的一块建筑场地委托给奇里亚尼设计事务所设计。这块地的东侧有一条连接该区与邻近公园的公共通道，因而突出了该区在城市中的重要性。设计要求该建筑超越其邻近的环境，同时在它的中心形成一个城市大门。

可俯视水库的建筑正面形成主要景观。设计的基本原则是对各个面在布局上实行统一处理，以确保建筑风格完整、和谐。建筑沿水道布置，有六个不同的层面，并形成了以2～3层为主体的结构形式。

奇里亚尼为了强调建筑的体量特征，获得视觉上的统一感，首先选择了一个柱廊，这既符合该地区的要求，又是源于当地的形态结构。然后建筑师对公寓单体进行了简洁而一致的处理，重点放在屋脊顶层和使建筑作为一个整体的基本支撑结构上。为了体现建筑前面的宽阔空间，强调了屋脊顶层。然后，柱廊被一个拔高的拱廊所代替。为了增强整个建筑对周围环境的影响，奇里亚尼夸张了上部楼层的形状，形成了一个倒金字塔的效果。

该建筑设计将当地政府的规定与业主的要求相结合：即所有厨房和卫生间要求自然采光，与通常这种类型的社会住宅相比扩大了起居空间。建筑师为了满足使用的需要，增加了室外平台。这些限制条件并没约束公寓户型的多样化，而且，各种平台可获取充足的阳光。

40 VV 91

伊夫里社会住宅

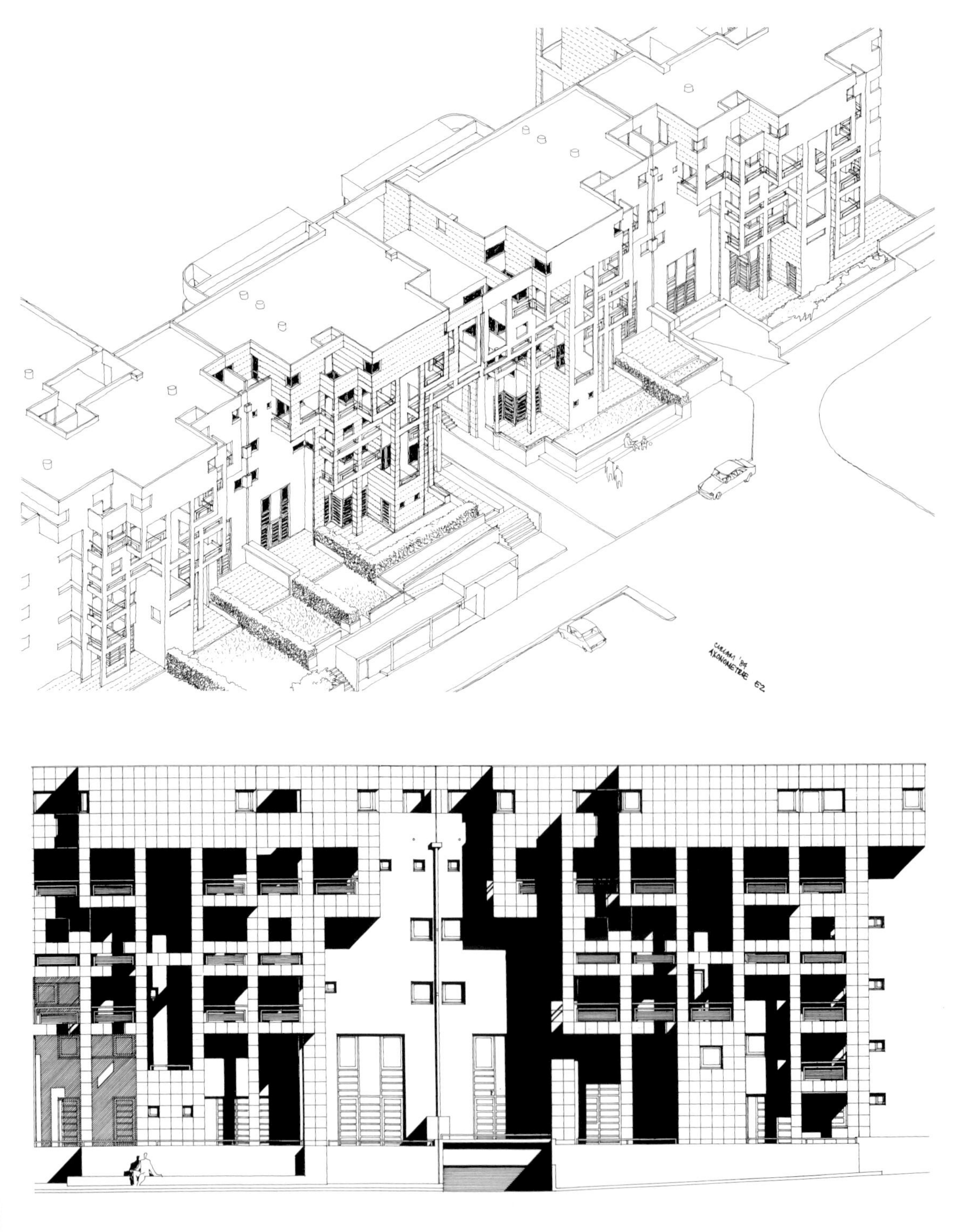

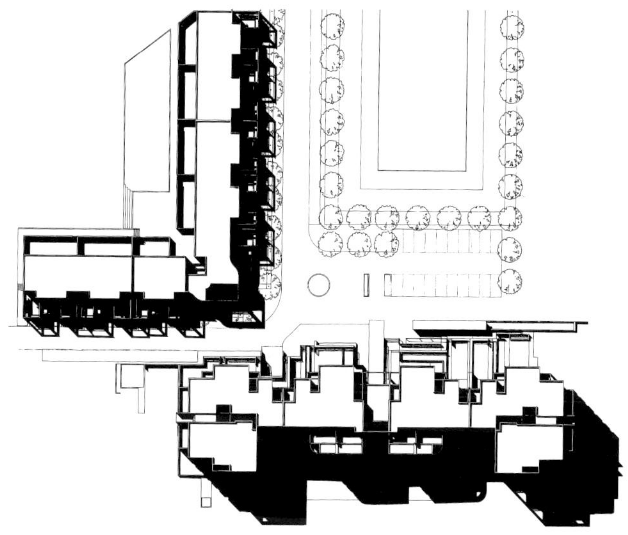

建筑物的东面（后部）强调了各种建筑类型之间的一致性。平稳的建筑外观向邻近公园接壤的住宅区花园开放（上图和下图）。西立面作为300m长的水渠的背景。建筑上部的体量厚重，形成水渠上的壮丽景观。正面的倒金字塔结构违背了重力原理，但它是非常轻的。事实上，倒金字塔是建筑的“控制”空间（次页图）。

伊夫里社会住宅

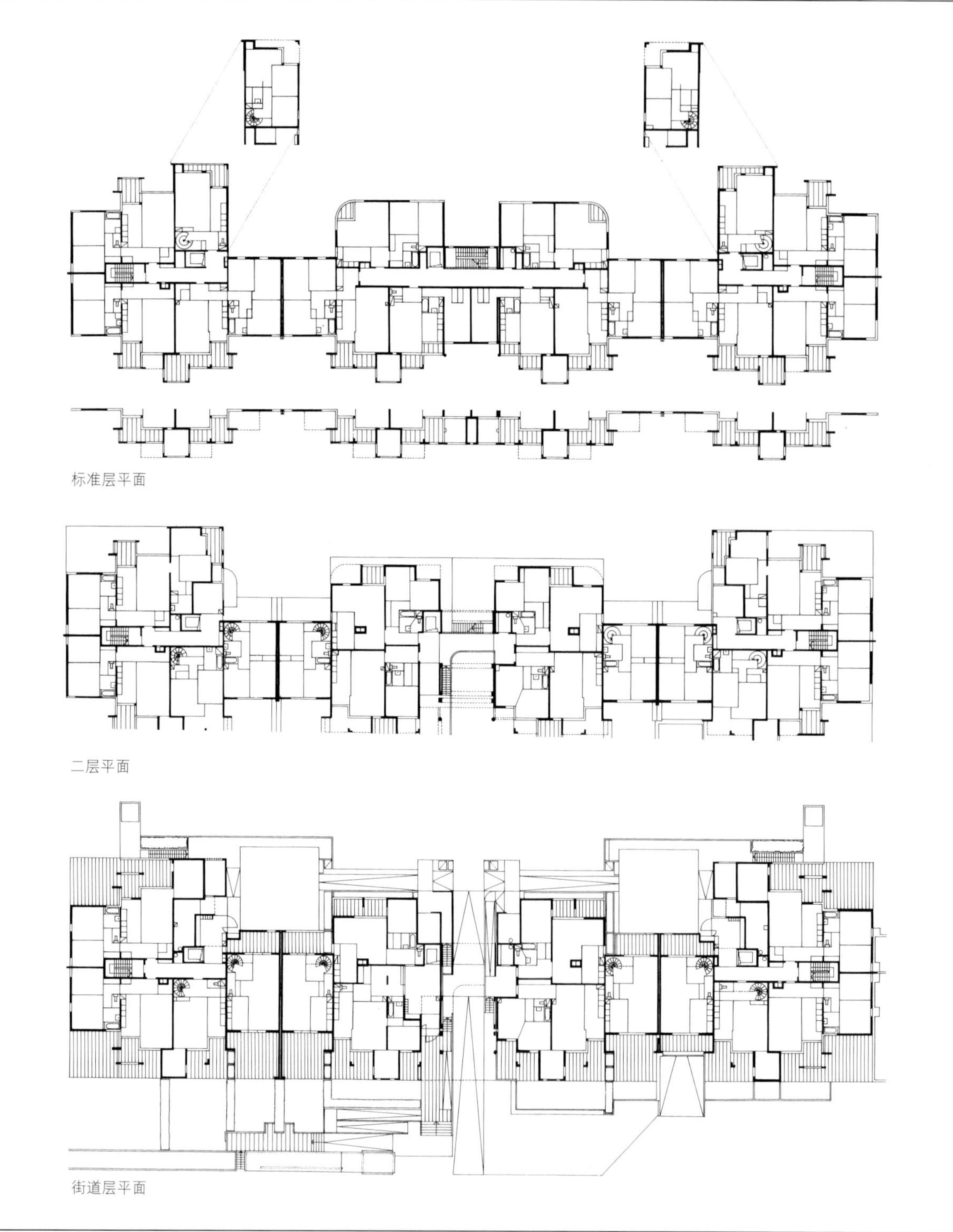

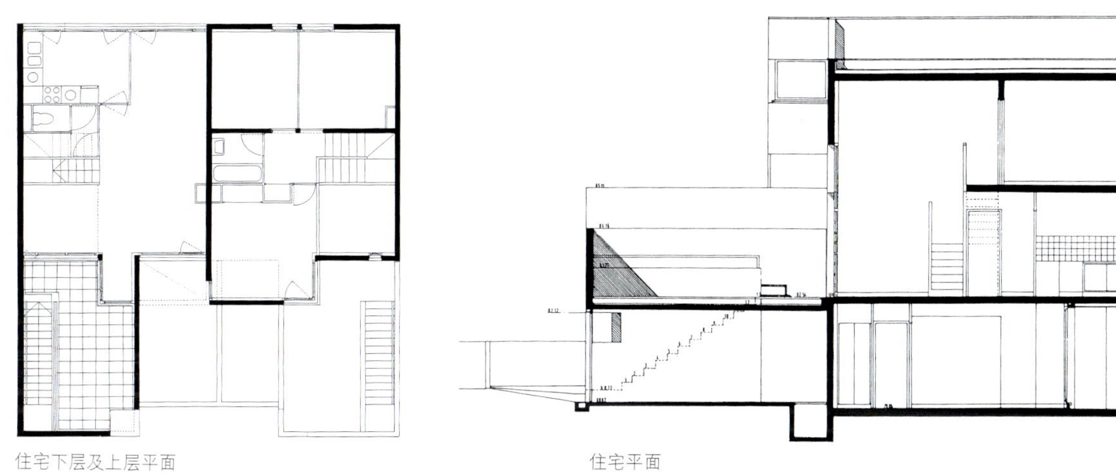

住宅下层及上层平面

住宅平面

在中心医院后部，邻水渠的联排住宅（上图）。底层车库，屋顶平台，二层高的起居室延伸到屋顶平台。屋顶平台同时也和一个个独立的楼梯入口连接起来（下图）。

洛尼社会住宅及设施
Lognes Social Housing and Facility

法国，马恩拉瓦莱，洛尼，塞格拉尔整体开发区
ZAC DU SEGRAIS, LOGNES, MARNE-LA-VALLEE, FRANCE

该项目位于马恩拉瓦莱新城洛尼开发区边缘，对面是附近高速公路的防护路基。这块场地中高出的地方现在是一个运动休闲公园。

由该城规划师所设计的南面的半月形建筑，在中部与一条道路相交。这条道路从公园和高速公路方向通往附近其他地区。为了呼应已有的建筑，奇里亚尼设计事务所决定在三个平行的垂直高度上进行设计：

· 在第一层高度上，建筑与场地周边相适应：一个网格层的高度与公园的上部平台的高度一致，底层用作商业拱廊。一个叠加的平台，与第一个网格层脱开，形成建筑的一翼，将中轴线的两边连在一起。

· 在第二层高度上，建筑呈直线形，在网格后勾画出公寓的生活区。阶梯形的平台在第一层与第二层的高差之间建立联系。

· 第三个部分由两个凹进的上部层面所组成。两个凹进的层面采用明确的曲线使它们显得很独立。这些元素向外延伸，与路对面的相应部分相交，实际上打破了间隙，合拢了半圆。它们支撑起网格后面的中心空间，也使得场地第一层高度与前面空间相互沟通。

两个走廊彼此成一定角度相对，为建筑群的住宅部分形成了一个入口区域。入口大厅的垂直交通在这一区域得到突出。建筑屋顶由跃层公寓组成，这些公寓有通道通向俯视整个新城区的平台。

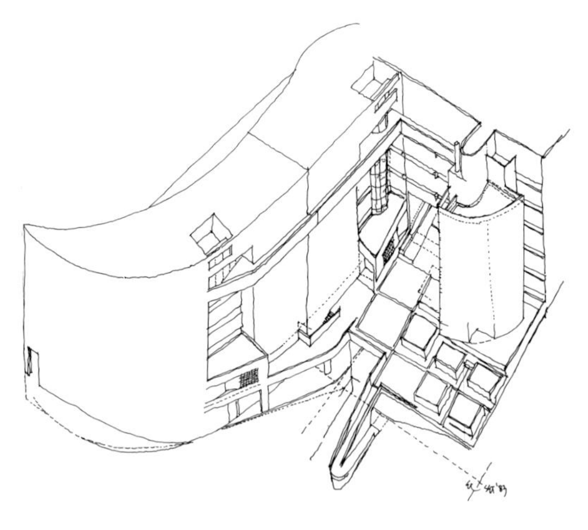

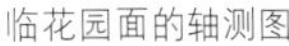

临花园面的轴测图

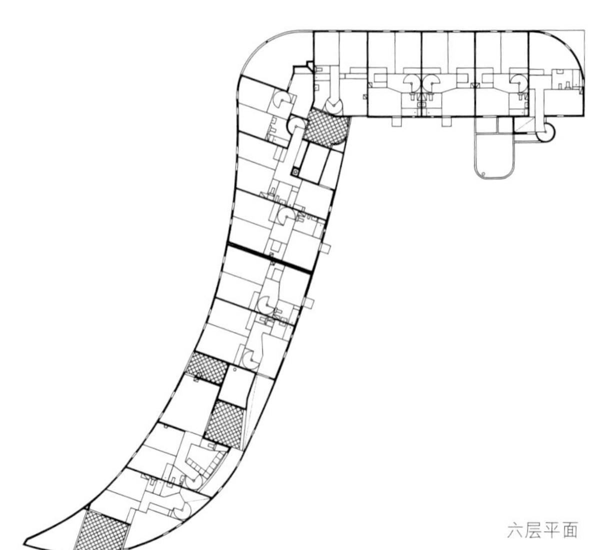

六层平面

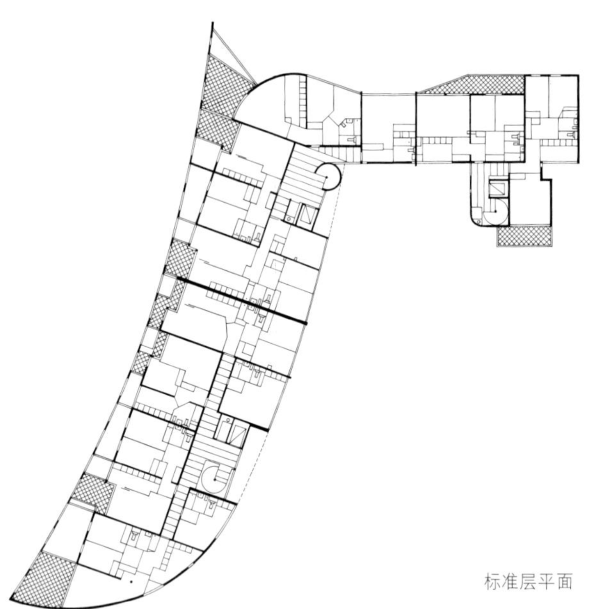

标准层平面

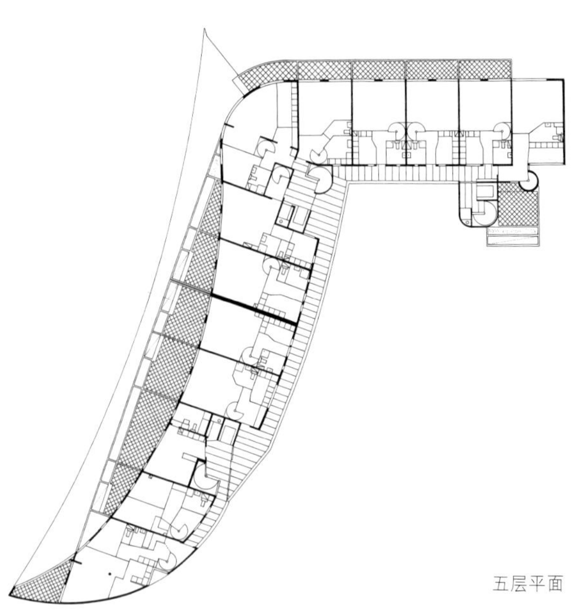

五层平面

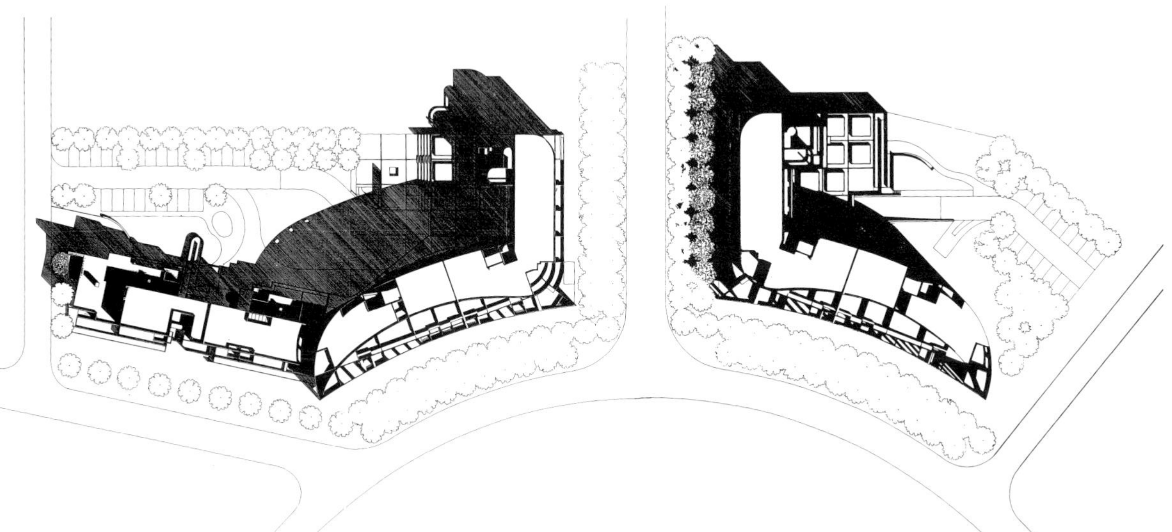

该地区的空中鸟瞰：右边的线形结构（在背景中）是高速高架道（上图）。后部的北立面对着向花园和湖面敞开的住宅区。为了支撑建筑，需要厚重的体量（下图）。

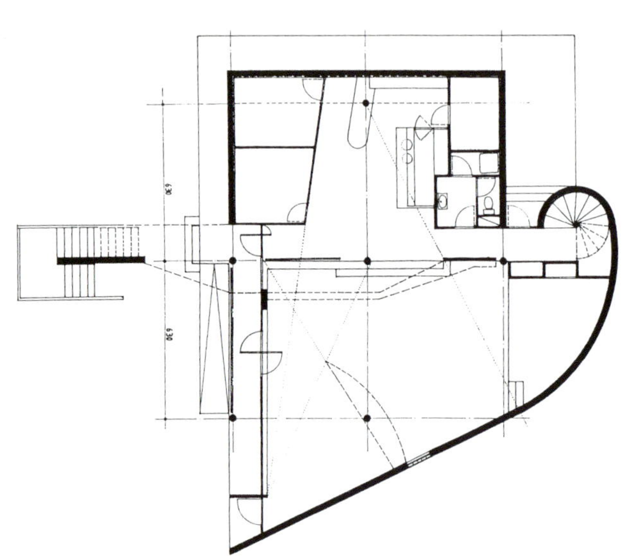

这个小型的社区中心是进行集体活动的场所，作为年轻人的俱乐部，或是举行婚礼或周年纪念日的庆典场所。围绕建筑所传达的主题，运用光和色来渲染气氛，使得小空间（上图和下图）以灵活流动的方式通向更大的房间，空间或粗糙或平滑，灯光或明或暗，由此产生一个统一的如画序列（对面页图）。

建立一个宁静的秩序：这些六层楼高的建筑有两种尺度，一种是从其完整的形态理解的纪念碑似的曲线，另一种尺度让人觉得更为亲切，犹如在凉廊下由亮处走到暗处的行人的体验，或是绕着建筑背立面行走，其上方有一条露天的街道，是通向顶层跃层公寓的通道（中图）。建筑的入口通过两条面对面的门廊来限定。整个建筑努力把入口拔高：成为住区的起点（上图）。在五层高建筑的北侧，玻璃墙体内是垂直交通系统（下图）。

夏科社会住宅及商店
Charcot Social Housing and Shops

法国，巴黎，谢瓦里尔街
RUE DU CHEVALERET, PARIS, FRANCE

奇里亚尼的夏科住宅项目意在寻求提高巴黎人的居住生活空间质量，使它成为构成城市形态的基础。然而，在巴黎这样一个已经有着清晰的、稳固的、强制性规划的城市中，新城必须担负起重塑城市形象的巨大责任，形成一个容纳个性的城市框架。在城市规划有关地平面设计的规范中，入口和商店应放在底层，建筑上面是受到限制的体量和凹进的立面。

在这些限制中间，巴黎制定了一种特定的城市规则——重视每幢建筑的微妙个性。奇里亚尼认为值得重视的一个观念是：越简单结果就越变化多姿，越令人满意。他相信在巴黎这样一个城市进行新建时最可取的方式不是与过去几个世纪相传下来的规则相对立，也不是被动地接受它们。相反，建筑师应该正视现实的挑战，与传统的建筑风格保持同样的简洁与适宜。

显而易见，奇里亚尼在该项目中贯穿了这个观念。这些公寓是跃层的，像一系列的小型别墅。每一个正面都被包含在一个5.6m宽、两层楼高的方形区域里。这个设计理性的、直截了当的外观形成了一个与结构相关的秩序，在高楼大厦与公寓楼两种比例之间创造了一种和谐。网格是整个建筑物的统一因素。它体现出从容、平静和精确，并且包含了一种自由的、个性化的形式。某些住宅设计的要素，像阳台、百叶窗和凸窗都被融入进来。

由于夏科地区（Rue Charcot）位于一座小山之上，在建筑的一侧，各层呈交错状，直通向顶部。这样避免了底层的一种视觉的误差，既能打破千篇一律，同时使人能联想到法国建筑的一个传统元素——夹层。

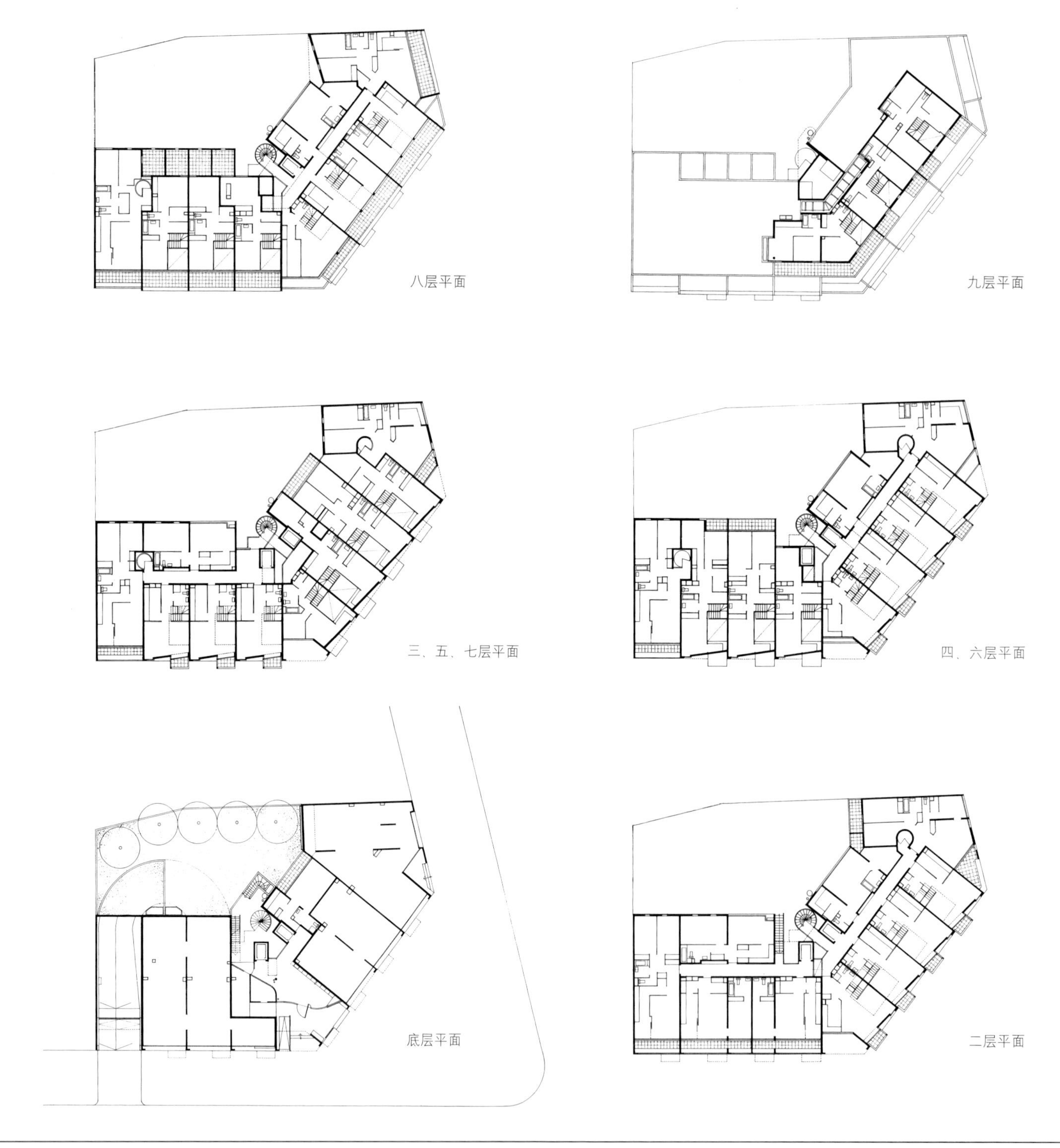
八层平面
九层平面
三、五、七层平面
四、六层平面
底层平面
二层平面

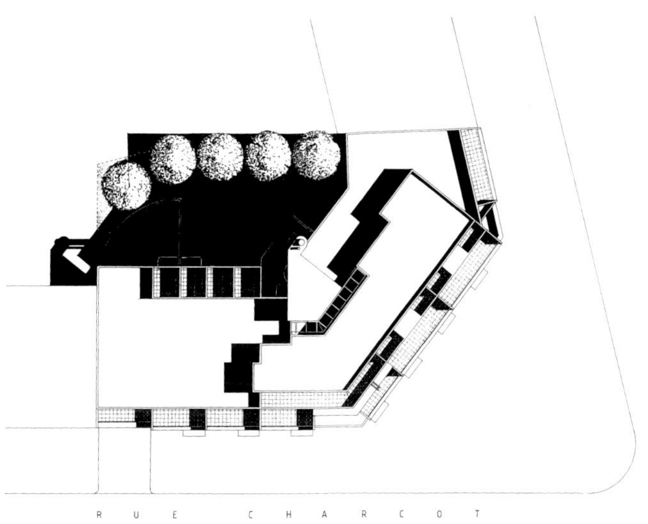

在巴黎环境中的全景。建筑的尺度考虑了通往法国国家图书馆的预留道路（上图）。入口和门廊的内景（下图）。

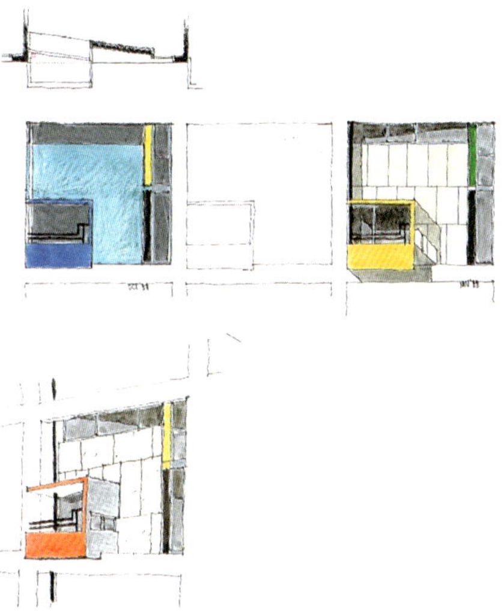

凹进的上部楼层遵守巴黎对屋顶轮廓线的规定(上图)。网格设计精密,并且包含 个富有个性的自由形式。在网格中,某些住宅建筑中的符号如阳台、百叶窗和凸窗被融合进去(中图)。转角外景,能看到错落的跃层住宅(分离的关系)与入口的竖向结合,入口位于转角的交错处,从地面至顶部贯穿了整个立面。这个大的垂直元素将左侧错落的楼层与倾斜的地段连接起来(下图)。

通向公寓套间的二层高的阳台：隔着一个居中的窗户，阳台之间可以彼此相望。鉴于巴黎关于屋顶轮廓线的规定，顶上两层的跃层公寓带有成阶梯状的阳台（上图）。在下层的入口、厨房和起居空间（中图和对面页图）。带有工作间的主卧室，俯视二层高的起居室和平台（下图）。

贝尔西社会住宅及商店

Bercy Social Housing and Shops

法国，巴黎，劳布阿街

RUE DE L´AUBRAC, PARIS, FRANCE

在巴黎城市规范中要求：相连的城市地段必须指派给建筑师进行设计。奇里亚尼设计事务所应邀设计两座线形建筑，场地两边都是12m宽的人行道。人行道把拉米大道和贝尔西城的新公园在西南部连接起来。建筑师把建筑的主入口放在人行道上。

奇里亚尼提出了面向公园的两种类型的公寓方案。一种类型是采用大面积的玻璃，对着每两层一个的连续阳台敞开。另一种类型是在同样向阳台开敞的情况下，把它作为城市中开敞连廊的一部分，同相邻建筑连接起来。这使奇里亚尼能够把相邻的低层公寓与此公寓的侧边白墙联系起来。

建筑长条形的体量被分为两个部分：

·第一部分是跃层公寓。这些跃层公寓可俯瞰新贝尔西公园。其中一部分位置高于人行道，沿着临街的对角线方向——就像网格——这样就能欣赏到公园的景色了。三卧或五卧的大户型公寓是这座建筑的一部分。

·建筑的另一部分可俯瞰拉米大道，应业主的要求，建筑师设计了这个体量——修建一个较小的竖向结构的一层公寓。工作室虽然置于建筑的后部，但可通过城市连廊向公园开放。只有一间卧室的公寓设计成L型，由一个向街道开放的平台环绕着。有两卧的公寓或者是与人行道成平行关系，或者是在两边开敞。

这组建筑的设计成功地与城市空隙融合在一起。奇里亚尼的设想中包括3.5m长的悬臂梁，从连续的阳台中挑出来，但是这个建议没有被通过。运用这种悬臂梁必须封闭空间，这样才能引起人们对“公园大门”的想像——这是一种在巴黎蒙梭公园地区广受好评的住宅形式——通过现代的方式来表达。

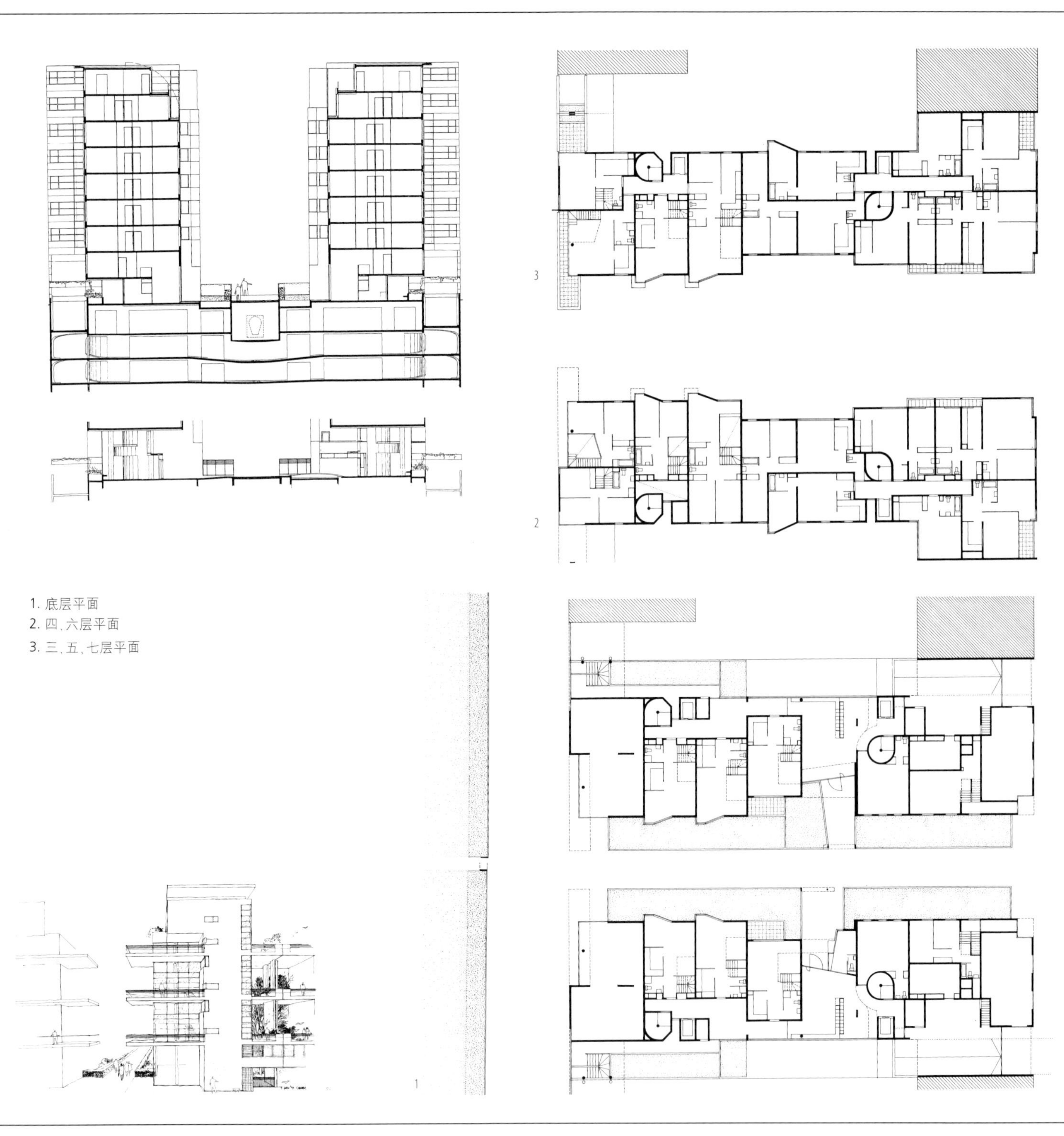

1. 底层平面
2. 四、六层平面
3. 三、五、七层平面

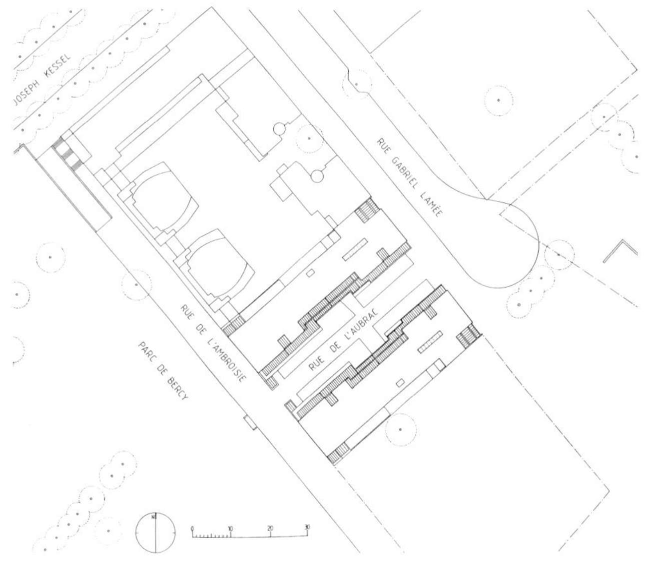

两层退后的楼层使步行街在中部要开敞一些（上图）。二层高的玻璃墙运用在面朝公园的跃层公寓上，侧面的跃层公寓则对着绿地（下图）。入口门厅的二层通高的高度和单元建筑的整个宽度使之形成连续的开敞空间，与行人路线垂直（次页图）。

入口门厅的二层通高的高度和单元建筑的整个宽度使之形成连续的开敞空间，与行人路线垂直（上图）。侧向的跃层公寓内景，从主卧室下到有着大面积玻璃的工作室，从下层的侧面可通向公园（中图）。朝公园方向看跃层公寓的内景（下图和对面页图）。

科隆布社会住宅设施及商店
Colombes Social Housing Facility and Shops

法国，科隆布，斯大林格勒大街
AVENUE DE STALINGRAD, COLOMBES, FRANCE

科隆布城位于巴黎的西北部，离A86轨道式高速公路也不太远。它曾经是一个混杂的社区，这里破碎的城市结构急待修整。这个社区的一部分已被指定为重点恢复建设的区域：地段为一个三角形的场地，位于两条主干道的交角处，它穿插在一个高密度的建设区（即小型独立式住宅区）和一个宽敞的未开发区（星散着建于20世纪60年代的沉闷式样的高层公寓）之间。这块场地中包含了一座将要保留的八层公寓。

显然，这个项目的基本目的很清楚：建造新建筑来使这一部分城市区域获取统一感，在变化很大的原有建筑之间，运用尺度的渐变来获得一种城市的调和。当项目的要求转换成空间语言时，这意味着在此区域要形成三个层次。

最低的层次由小型的独立式住宅组成，每一户都有一个一层半高的起居室，共两层高，这样进行设计是为了和附近已有的低层建筑融合在一起。这些新建筑按直线排列，使街道形成有特色的统一感。当三角形地段逐渐放开，建筑也逐渐增高。中间的层次是由府邸型住宅单元组成，采用无电梯住宅的极限高度。这些建筑通过侧面的平台联系起来，将阳光和空气引入到住宅单元的室内，产生所需要的通透感。这些平台也把空间延展到后部独立式住宅的相邻花园。

最高的层次包括小型的两卧或三卧的直线型公寓，它们或是在两侧开窗，当对着花园时，就只有一侧开窗，和跃层公寓一起俯瞰两侧。

这座竖向建筑充分利用了场地的边角余料进行设计，它就像一个钟塔，成为科隆布城的入口标志。该建筑也可在三面敞开，并且作为通向较高层的住宅类型的过渡。

科隆布社会住宅设施及商店

对面页上图

对面页中图

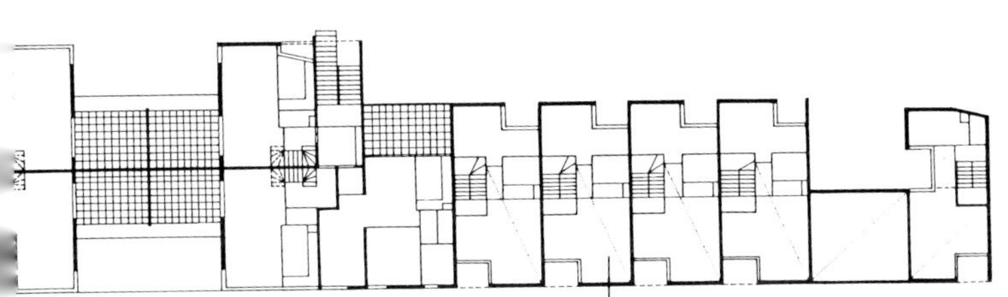

对面页下图

三层公寓的竖向空间。该建筑类型连接两个不同高度的建筑(上图)。这种跃层公寓的水平带形窗与上部带阳台的两层高的空间形成对比（中图)。两层半高的行列式住宅，室内空间有高差变化（下图)。这种运用体量渐变的方式是为了把已有的八层高建筑和相邻的两层高建筑联系起来（对面页图)。

科隆布社会住宅设施及商店

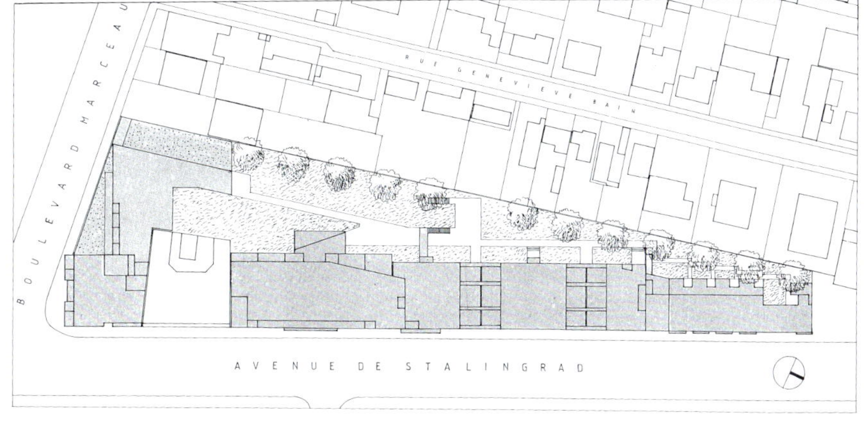

这是府邸型住宅单元。在建筑之间设计带平台的住宅，是为了在街道和内部的花园之间产生通透感，这样使得临近的独立式住宅能够有透气的空间（上图和下图）。城市转角建筑作为建筑的支点锚固在场地上。它包含三边开敞的非常舒适的跃层公寓户型（对面页图）。

海牙公寓大楼
The Hague Apartment Building

荷兰，海牙，代德姆斯法特路
DEDEMSVAARTWEG, THE HAGUE, THE NETHERLANDS

为了庆祝在海牙的第200000栋住宅单元的落成，海牙政府和海牙住宅合作联合会决定修建一组特殊的住宅群，邀请各个国家的建筑师进行设计，来演绎他们的设计观念。1989年官方正式发布消息，这项住宅竞赛被命名为“Stichting Woningbouwfestival 200.000ste Woning Dedemsvaartweg”。

Morgenstond地区位于城市的西南部，靠近Zuider公园，由一条条的绿带形成，其中一条绿带在某一点被一块裸地穿越。这块裸地原本是留作高速公路用地的，但一直没有修建。这块地的规划指派给了Rotterdam-based Oma，他把这块条型地划分成三个部分。北部是用作修建一层高的住宅，命名为“狂欢节的五彩纸屑”；中部是用来修建三层高的城市别墅；在南部是修建四栋十层高的住宅塔楼，其中一栋住宅委托给奇里亚尼的设计事务所设计。

根据项目的要求，奇里亚尼设计的这栋建筑形式简洁、紧凑。严格的预算决定了它的朴素和严谨。两个平行的板式建筑，表面采用白绿相间的釉面，两者之间留下一道空白条纹。这些板式建筑通过中间的竖直和水平的交通系统联系起来，这个交通系统在九层都可以进入。在每一个楼梯平台设有一个连桥，使两边都能通向两个相邻的平台。这些连桥形成了呈一定角度的两卧公寓的第二个通道，从而解决了建筑三个方位的关系（荷兰的法规规定每栋公寓要有两个入口，其中一个必须是室外的）。在地下层和首层，奇里亚尼设置了几套向花园敞开、并通向入口大厅的跃层公寓；在住宅的核心位置设有存放自行车和婴儿车的存储空间；顶层设有两个带有大型屋顶花园的阁楼。

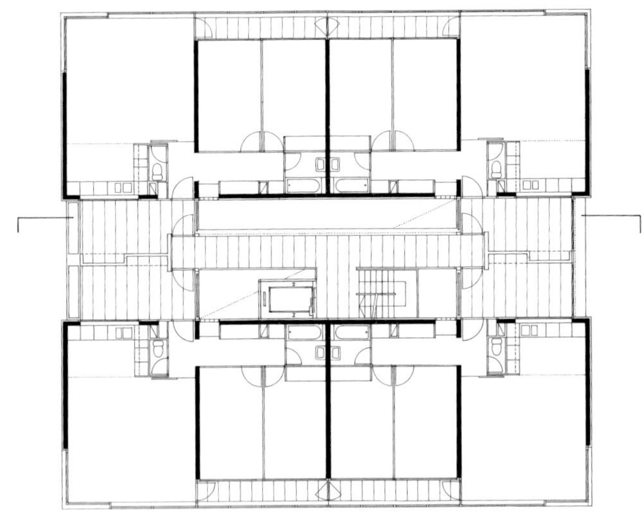

标准层平面

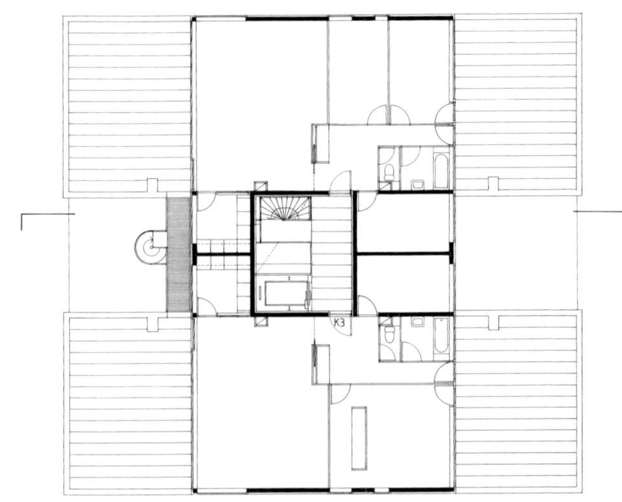

顶层平面

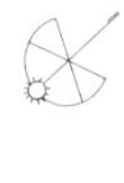

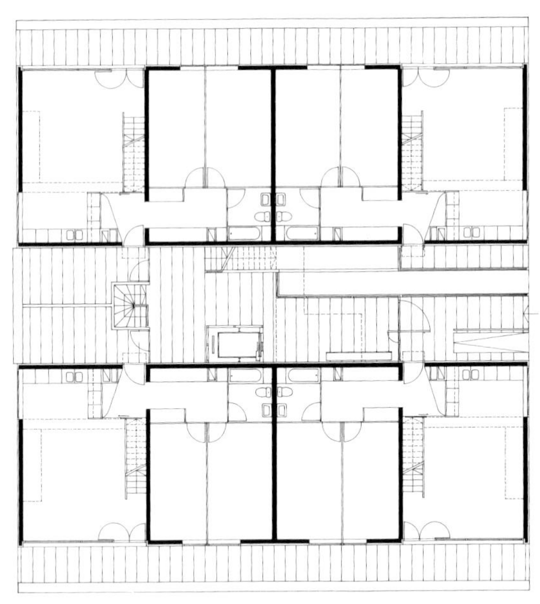

底层平面

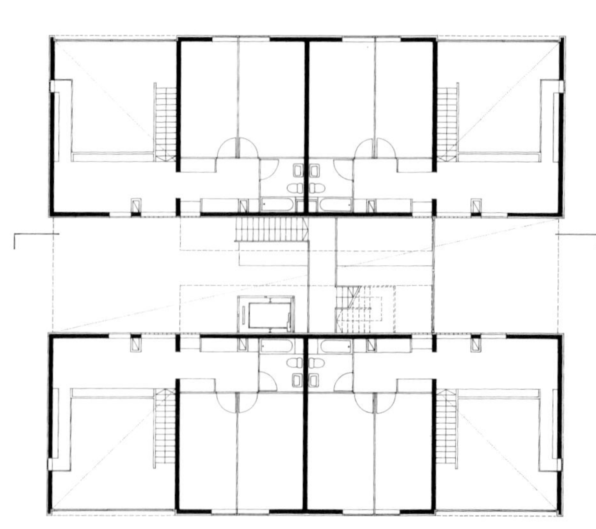

二层平面

到了晚上，这栋建筑逻辑感很强的体量间的虚实对比展露无遗。起居室转角处的玻璃窗创造出虚幻的发光效果，光影层叠同建筑竖向的红、蓝色彩形成对比（左图）。两堵光滑的竖直板式结构通过侧向平台联系起来，位于底层带私家花园的两层住宅单元上部，顶部是两套带阁楼的公寓（对面页图）。

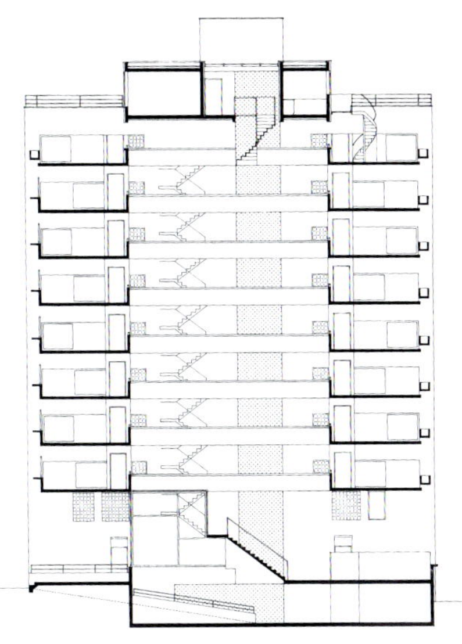

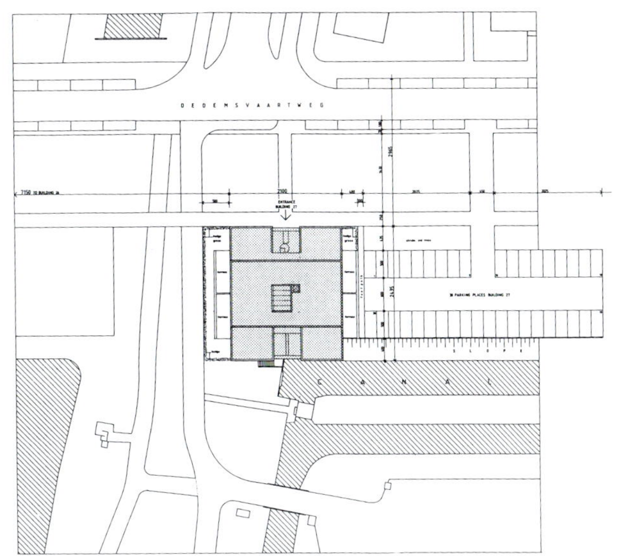

建筑的中央核心部位被掏空，布置有人行天桥和带透明玻璃的电梯（上图），以及一个开放的竖向楼梯间（下图）。室内中庭的入口层有内部通道，通向地面层的跃层住宅（对面页图）。

In Progress | 方　案 ▶

格罗宁根城塔楼

Groningen Towers

荷兰，格罗宁根

WINSCHOTERKADE, GRONINGEN, THE NETHERLANDS

有一个时期，奇里亚尼致力于寻求与传统城市进行连接的研究。在此之后，他决定在该项目——他在荷兰的第一个作品中运用类型学知识。奇里亚尼的目标是想追溯建筑的本源问题——即空间与形式的关系——通过定义建筑原型，从而营造新颖的建筑空间。这种模式可避免目前建筑界的一种趋向：即建筑由细部和材料如玻璃构造以及暴露结构来限定。

在过去的12年，奇里亚尼致力于研究工作，他有一个观点是：一个城市可以通过大量建造底层架空的建筑而抬高城市的地面空间，这样人工地面空间十分宽阔，居民在室外时可避免处于面对面的拥挤状态。抬高的水平面形成人工的第二“地面”。奇里亚尼的格罗宁根项目将这种水平台面发展到了极至。

建筑师在荷兰的所有作品形成一个个供人们居住的建筑壳体，它们与室外人工地面相连。这种建筑模式的起源——即原型——是柯布西耶的住宅类型，它底层架空，形成住宅自己的地面空间。但是，奇里亚尼解释说，相对于柯布西耶的住宅类型，他改变了规模，人工的地面空间不再是单一的一小块，而是大片相连，并形成城市风貌。

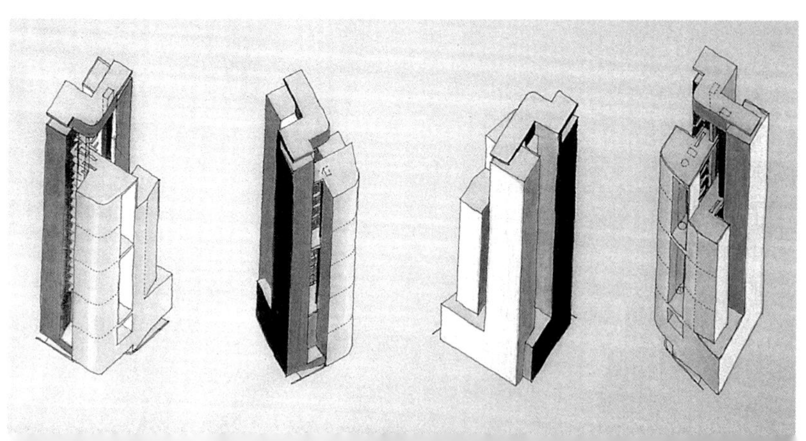

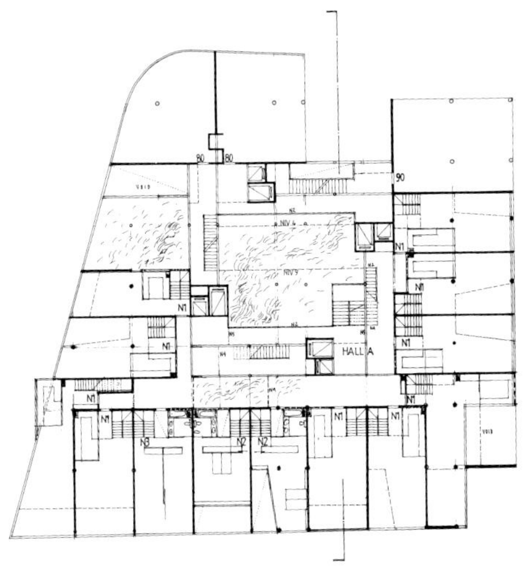

三、四、五层平面

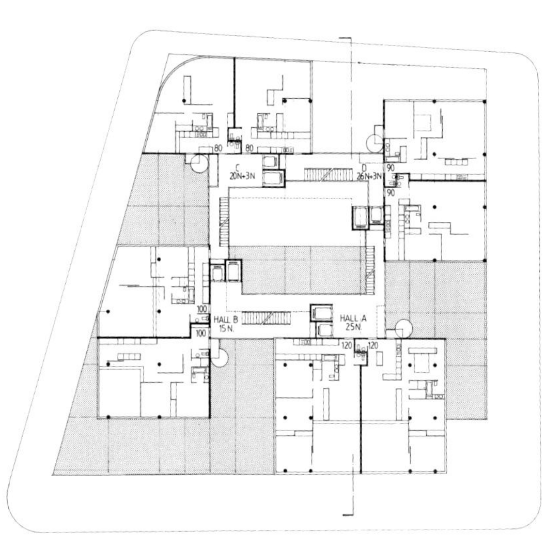

标准层平面

四个塔楼通过每5层一个的空中花园连接起来，花园设置或者是每10层一个。高度从30层降至20层，可以让南向阳光照射到中心核里。该城市通常的建筑高度（约4层左右）是这四个塔楼统一的基础。

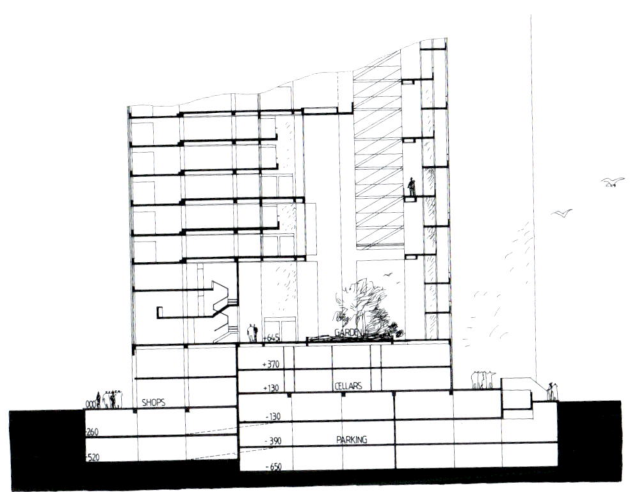

这座摩天大楼的象征意义和视觉效果因色彩运用而得以加强。南面体量采用白色，来增强建筑“追随太阳”的思想（上图）。北向的深黑色竖向体块（中图及对面页图）与浅黄色竖向体块形成强烈对比（下图）。

奈梅亨城塔楼
Nijmegen Towers

荷兰，奈梅亨城
WAALHAVEN, NIJMEGEN, THE NETHERLANDS

奈梅亨城人口为145000人，并拥有一座包括20000名学生的大学。它与阿纳姆城一起位于湍急的瓦尔河广阔的冲击平原上。塔楼坐落的三角形地段底边与河流位置平行，其他两边形成对比：东南面的一边由于高架铁轨而得到明确界定，而另一边则由质量差的低矮住宅界定。

奇里亚尼的高层方案将成为奈梅亨城的新开发西区和港湾区的竖向标志。该项目追求统一风格，并且在形式、功能上与城市中心区产生联系，同时还通过提高居住区与花园的质量，而赋予周围环境无限生机。

大楼呈直线型，有四个方形塔楼按对角线相连，呈阶梯状逐渐升高，自河边起，建筑高度从20层至30层之间变化。这些塔楼的基础由直角相交的柱墩定位，表达了建筑在水平与垂直方向的连续运动。对角方向的支撑结构，其形状在四面各不相同，因此，具有良好的城市可识别性。抬高的花园是阻隔铁路噪音的屏障，同时也能和铁轨另一边的城市公园产生联系，形成城市历史中心区的竖向花园的景观。从另外一个方向，即邻郊区的一面，从远处都能看见该塔楼的轮廓，它的色彩使人产生丰富的想像。

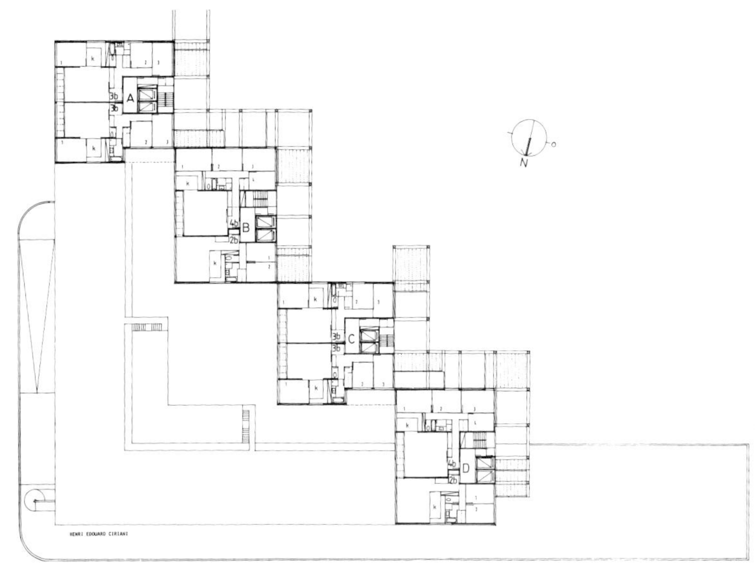

模型透视，展示南向花园最终选用的结构形式（对面页图）。塔楼与铁路平行的角度（上图），从河边观看塔楼（下图）。第一方案草图，花园围护墙采用更自由的手法。西面（次页上左图）；西北面（次页上右图）；东面（次页下左图）；南面（次页下右图）。

OUEST

NI 01

4

NORD·OUEST

Appendix | 附　录 ▶

作品及业绩一览表
List of Works and Credits

HOSPITAL KITCHEN
66 SAINT ANTOINE HOSPITAL, RUE DE CÎTEAUX, PARIS XII
1981–1985, Paris, France
Client: Assistance Publique
Project Team: Henri Ciriani with Jacky Nicolas
Structural Engineers: J. Gillant, Befs
Electrical Engineer: Seef
Mechanical Engineer and kitchen consultant: Sepa
Contractor: Setb
Photographers: Stéphane Couturier, Christian Devillers, Marcela Espejo, Jean-Marie Monthiers, Delde von Schaewen

MUNICIPAL CHILD CARE CENTER
MAISON DE L'ENFANCE
8, RUE PIERRE-MENDES-FRANCE AT TORCY
1986–1989, Marne-La-Vallee, France
Client: San de Marne-La-Vallee
Project Team: Henri Ciriani with Jacky Nicolas and Richard Doorly
Engineers: Igm
Contractor: Heulin
Photographers: Stéphane Couturier, Christian Devillers, Jean-Marie Monthiers

WORLD WAR 1 MUSEUM
HISTORIAL DE LA GRANDE GUERRE, PLACE DU CHATEAU
1987–1992, Péronne, France
Client: Conseil General de la Somme
Project Team: Henri Ciriani with Jean-Claude Laisné and Jacky Nicolas, Nathalie du Luart, Olivier Abriat, Jean Pierre Crousse, Michel Nadorp
Structural Engineer: Marc Mimram
Electrical Engineer: Cegef
Mechanical Engineer: Inex
Contractor: Léon Grosse
Photographer: Jean-Marie Monthiers

ARCHAEOLOGICAL MUSEUM
INSTITUT DE RECHERCHE SUR LA PROVENCE ANTIQUE, PRESQU'ÎLE DU CIRQUE ROMAIN
1983–1995, Arles, France
Client: City of Arles
Project Team: Henri Ciriani with Jacky Nicolas, Jacques Bajolle and Michel Dayot, Richard Doorly, Jean Pierre Crousse, Nathalie du Luart, Olivier Abriat, Anne Sobotta, Laurent Tournié, Malcolm Nouvel, Miguel Macian, Hérve Dubois, Laurent Scatola, Dominique Neves
Structural Engineers: Scobat, Cesba
Electrical Engineer: Scobat, Optima
Mechanical Engineer: Inex
Contractors: Spie-Mediterranee, Héritier, Amans, Ateliers Saint Jacques, Roiret
Photographer: Jean-Marie Monthiers

MARNE SOCIAL HOUSING
RUE DE LA BUTTE VERTE, NOISY-LE-GRAND
1975–1981, Marne-La-Vallee, France
Clients: Foyer du Fonctionnaire et de la Famille and Interprofessionnelle de la Région Parisienne
Project Team: Henri Ciriani with Vincent Sabatier
Structural Engineers: Oth and Cerc
Mechanical & Electrical Engineers: Oth
Contractor: Setb and Bouygues
Photographers: Philippe Chair, Michel Desjardins, Marcela Espejo, Yves Lion, Claire Robinson

SAINT-DENIS SOCIAL HOUSING & FACILITY
LA COURDANGLE, 22, RUE AUGUSTE-POULLAIN, 23, RUE JEAN-MERMOZ
1978–1983, Saint-Denis, France
Clients: Le Logement Dionysien and the City of Saint-Denis
Project Team: Henri Ciriani with David Mangin, Vincent Sabatier, Jacky Nicolas
Structural Engineers: Cerc, Lucien Filossi
Mechanical Engineer: Lafi
Contractors: Tassoni, Ecoba, Scgd, Sgm
Photographers: Philippe Chair, Michel Desjardins, Marcela Espejo

EVRY SOCIAL HOUSING
ZAC DU CANAL, RUE DE LA MARE DIACRE, EVRY-COURCOURONNES
1981–1986, Evry, France
Client: La Sabliere
Project Team: Henri Ciriani with Michel Dayot & Jacques Garcin, Jacky Nicolas
Structural Engineer: Lucien Filossi
Electrical Engineer: Secie
Mechanical Engineer: Lafi
Contractor: Smctp
Photographer: Christian Devillers

LOGNES SOCIAL HOUSING & FACILITY
61–69, BOULEVARD DU SEGRAIS, LOGNES
13, RUE GIUSEPPE VERDI, LOGNES
BOULEVARD DU SEGRAIS
1982–1987, Marne-La-Vallee, France
Clients: Société Française des Habitations Economiques, Société Française de Credit Immobilier and Epamarne
Project Team: Henri Ciriani with Richard Henriot and Jacques Garcin, Dominique Delord-Garcin, Michel Dayot, Jacky Nicolas
Structural Engineer: Lucien Filossi
Electrical Engineer: Scobat
Mechanical Engineer: Lafi
Contractor: Setb
Photographers: Stéphane Couturier, Christian Devillers, Richard Henriot

CHARCOT SOCIAL HOUSING & SHOPS
127, RUE DU CHEVALERET, PARIS XIII
1987–1991, Paris, France
Client: La Sabliere
Project Team: Henri Ciriani with Jean-Pierre Crousse and Miguel Macian, Jean-Claude Laisne
Structural Engineer: Scobat
Mechanical Engineer: Iratome
Contractor: Sicra
Photographers: Stéphane Couturier, Jean-Marie Monthiers

BERCY SOCIAL HOUSING & SHOPS
5 & 6, RUE DE L'AUBRAC, PARIS XII
1991–1994, Paris, France
Client: Opac de Paris
Project Team: Henri Ciriani with Jean Pierre Crousse and Richard Doorly, Miguel Macian, Laurent Tournié, Michel Nadorp
Engineers: Scobat
Contractor: Gtm Btp
Photographer: Jean-Marie Monthiers

COLOMBES SOCIAL HOUSING FACILITY & SHOPS
77–91, AVENUE DE STALINGRAD, COLOMBES
1992–1995, Colombes, France
Client: Semco
Project Team: Henri Ciriani with Jean Pierre Crousse and Olivier Abriat, Malcolm Nouvel, Enrique Santillana, Michel Nadorp, Laurent Scatola
Engineers: Scobat
Contractor: Dumez
Photographer: Jean-Marie Monthiers

THE HAGUE APARTMENT BUILDING
DEDEMSVAARTWEG 1125–1201, MORGENSTOND
1990–1995, the Hague, Holland
Client: Geerlings Vastgoed B.V.
Project Team: Henri Ciriani with Jean Pierre Crousse and Olivier Abriat, Michel Nadorp, Jacky Nicolas
Electrical Engineer: van der Niet
Mechanical Engineer: Stagro
Contractor: Maarsens Bouwbedrifj B.V.
Photographer: Jean-Marie Monthiers

GRONINGEN TOWERS
WINSCHOTERKADE, GRONINGEN
1988–1990, Groningen, Holland
Client: Geerlings Vastgoed B.V.
Project Team: Henri Ciriani with Jean-Claude Laisne
Structural Engineer: Dijkhuis

NIJMEGEN TOWERS
WAALHAVEN, NIJMEGEN, HOLLAND
1989–1990, Nijmegen, Holland
Client: Geerlings Vastgoed B.V.
Project Team: Henri Ciriani with Michel Nadorp
Structural Engineer: Dijkhuis
Model Photographer: Jean-Marie Monthiers

Henri Ciriani (1) surrounded by part of the numerous staff that has worked in the Paris Office through the years: Vincent Sabatier (2), Isabel Calderon (3), Marcelle Ciriani (4), Jurg Heuberger (5), Laura Ciriani (6), Chun-Ko Koon (7), Jacky Nicolas (8), Jean-François Chenais (9), Olivier Arene (10), Gilles Margot-Duclot (11), Laurent Bourgois (12), Patricia Ciriani (13), Françoise Groshens (14), Ariane Jouannais (15), Cyrine Busson (16), Jean-Claude Laisne (17), Alexandre Simoni (18), Michel Ferranet (19), Maxime Ketoff (20), Olivier Chaslin (21), Patrice de Turenne (22), Michel Dayot (23), Jean Pierre Grousse (24), Richard Henriot (25), Nathalie du Luart (26), Laurent Tournié (27), Sandra Barclay (28), Michel Kagan (29), Michel Bourdeau (30), Hérve Dubois (31), Miguel Macian (32), Enrique Santillana (33), Cyrille Faivre (34), Laurent Scatola (35), Didier Sancey (36), Dominique Neves (37), Hérve Bleton (38), David Mangin (39), Ivan Tizianel (40).

致谢

我要感谢Rockport出版商以及选题委员会，承蒙他们对我作品的厚爱；感谢理查德·迈耶与弗朗科斯·沙兰的支持与合作；感谢米歇尔·德雅尔丹，从我在法国的第一个工程起，他便成为了我的挚友和摄影师；感谢帕特里克与达尼埃莱·科隆比耶始终如一的支持；感谢克里斯蒂安·德维莱尔在伊夫里及洛尼建设期间给予的热情与慷慨；感谢亚历山德拉·博伊尔在文字润色与翻译时的协助；感谢斯特凡娜·库蒂里耶精湛的摄影技术；感谢玛丽贝思·肖对导言的翻译。我还要感谢所有参与本书中提到的项目的合作者，主要有樊尚·萨巴捷、雅基·尼古拉和琼·皮埃尔·克鲁斯。但我最要感谢的是此书出版不可或缺的人们，他们是：琼－玛丽·蒙蒂耶，在过去的10年里，他的摄影作品一直给予了我极大的帮助，还有我的妻子马塞拉，她是我的摄影师兼朋友及合作者，在过去的20年间，是她，让我在设计天地里自由驰骋。

谨献给我的三位女士：马塞拉、劳拉和帕特里夏。